Đông Yên Lương Tấn Lực

Thiết Kế Vĩ Đại

Phỏng theo
The Grand Design
Stephen Hawking & Leonard Mlodinow

Third Edition
2017

THIẾT KẾ VĨ ĐẠI

Tác giả giữ bản quyền
© Copyright 2017
By Dong Yen Luong Tan Luc
All rights reserved
Printed in the United States

We are just an advanced breed of monkeys on a minor planet of a very average star. But we can understand the Universe. That makes us something very special.

Chúng ta chỉ là một loài khỉ tiến hóa trên một hành tinh bé nhỏ của một tinh tú rất trung bình. Nhưng chúng ta có thể hiểu được vũ trụ. Điều đó khiến chúng ta rất đặc biệt.

- Stephen Hawking

Mục Lục

Giới Thiệu Tổng Quát 11
Chương I 15
Bí Mật của Hiện Hữu 15
   Tổng Quát 15
   Các Lý Thuyết 18
   M-Theory 19
Chương II 23
Nguyên Tắc của Định Luật 23
   Tổng Quát 23
   Homo Sapiens 25
   Pythagore 27
   Anaximander 28
   Democrite 29
   Các Hiền Triết Hy Lạp 31
   Những định luật thiên nhiên 32
   Những hậu bối Thiên Chúa Giáo 34
   René Descartes 35
   Khoa học hiện đại 38
   Platon và Aristote 39
   Laplace 40
   Sinh học phân tử 42
   Định luật định tính 44
Chương III 47
Thực Tại Là Gì? 47
   Tổng Quát 47
   Kiến Thức Âu châu 48
   Thuyết Thực Tại 51
   Thuyết Phản Thực Tại 53
   Những đơn tử thứ nguyên tử 56

Sáng Thế Ký	59
Thuyết Tịnh Thế	64
Thuyết Sóng	65
Thế Song Lập	68
Thuyết M-Theory	69
Chương IV	**71**
Hướng Trình Tổng Sóng	**71**
Tổng Quát	71
Chương V	**95**
Lý Thuyết Về Vạn Vật	**95**
Tổng Quát	95
Michael Faraday	97
Sóng vô tuyến	99
Phương trình của Maxwell	101
Michelson và Morley	103
Quan niệm ether	104
Đặc thuyết Tương Đối	106
Không-Thời-Gian	108
Định luật Newton	110
Thuyết Trường	112
Những tiên đoán của QED	114
Đồ thị Feynman	115
Lý Thuyết QCD	118
Đại Thuyết Thống Nhất	120
Thuyết GUT	121
Căn Bệnh Vô Cực	123
Thuyết Siêu Trọng Lực	125
Những Thể Song Lập	126
Thuyết M-theory	127
Chương VI	**131**
Lựa Chọn Vũ Trụ Của Chúng Ta	**131**
Tổng Quát	131
Edwin Hubble	132
Vũ Trụ Bành Trướng	133
Phương Trình Einstein	135
Fred Hoyle	136
Giai đoạn Trương Nở	138
Thuyết Quantum	139
Tổng Thuyết của Einstein	143

Hiện Hữu của Thượng Đế	144
Biến cố Quantum	145
Thuyết hướng trình tổng sóng	146
Tỉ Trọng thặng dư	148
Tư duy về lịch sử vũ trụ	149
Biên độ xác suất quantum	151
Đối tác đơn tử	152
Trung tâm vũ trụ	153
Định luật thiên nhiên	154
Chương VII	155
Phép Lạ Hiển Thị	155
Tổng Quát	155
Chương VIII	175
Thiết Kế Vĩ Đại	175
Tổng Quát	175
Glossary – Định Nghĩa Kỹ Thuật	189
Index	195

Giới Thiệu Tổng Quát

Thiết Kế Vĩ Đại (The Grand Design) là công trình lớn lao đầu tiên trong gần một thập niên của một trong những tư tưởng gia lớn của thế giới – một tác phẩm cô đọng thần kỳ với những câu trả lời mới cho những câu hỏi tối hậu về sự sống.

- Vũ trụ bắt đầu từ khi nào và bắt đầu ra sao?
- Tại sao chúng ta ở đây?
- Tại sao lại có một cái gì đó thay vì không có gì cả?
- Bản chất của thực tại (reality) là gì?
- Tại sao những định luật của thiên nhiên lại quá tinh vi đến độ có thể cho phép những sinh vật như chúng ta hiện hữu?
- Và sau cùng, phải chăng thiết kế vĩ đại mà chúng ta nhìn thấy của vũ trụ là bằng chứng có một đấng tạo hóa ân điển vận hành mọi vật – hay khoa học đưa ra một giải thích khác?

Những câu hỏi căn bản nhất liên quan đến nguồn gốc của vũ trụ và của chính sự sống, một thời từng là lĩnh vực của triết học, ngày nay chiếm lĩnh phần đất nơi các khoa học gia, triết gia, và thần học gia gặp nhau – dù chỉ để bất đồng với nhau. Trong cuốn sách mới nầy, Stephen Hawking và Leonard

Mlodinow trình bày những lối suy nghĩ khoa học mới đây nhất của họ liên quan đến những bí mật của vũ trụ, bằng thứ ngôn ngữ phi kỹ thuật vừa giản dị vừa xuất sắc.

Trong *The Grand Design* họ giải thích rằng, theo lý thuyết lượng tử (quantum theory), vũ trụ không phải chỉ có một hiện hữu hay một lịch sử duy nhất, nhưng đúng hơn, mọi lịch sử khả thể của vũ trụ hiện hữu đồng thời với nhau. Khi áp dụng cho vũ trụ như một tổng thể, tư tưởng nầy đặt dấu hỏi ngay chính khái niệm về nhân quả. Nhưng phương án vũ trụ học "đi từ trên xuống" mà Hawking và Mlodinow mô tả nói rằng sự kiện quá khứ không có một hình thù nào cả có nghĩa là chúng ta tạo ra lịch sử bằng cách quan sát nó, chứ không phải lịch sử tạo ra chúng ta. Hai tác giả còn giải thích thêm rằng chính chúng ta là sản phẩm của những dao động lượng tử (*quantum*) trong giai đoạn sơ khai của vũ trụ, và họ cho thấy làm thế nào thuyết *quantum* tiên đoán có "đa vũ trụ - multiverse" – ý tưởng cho rằng vũ trụ của chúng ta chỉ là một trong nhiều vũ trụ đã xuất hiện đồng thời từ khống khứ (nothing), mỗi vũ trụ có những định luật thiên nhiên khác nhau.

Từng bước Hawking và Mlodinew đặt dấu hỏi trên quan niệm thông thường về thực tại, đưa ra một lý thuyết gọi là *"model-dependent" theory* (lý thuyết mô hình độc lập) về thực tại như là kết quả khả thể tốt nhất mà chúng ta có thể hy vọng tìm được. Và với một lượng định sắc bén về thuyết *M-theory*, họ kết thúc một phương thức giải thích về những định luật đang chi phối chúng ta và vũ trụ chúng ta, lối giải thích hiện nay được coi như ứng viên sáng giá duy nhất hướng đến một lý thuyết hoàn chỉnh về mọi hiện tượng. Họ cho biết, nếu được công nhận, lý thuyết đó sẽ là lý thuyết thống nhất mà Einstein từng truy tìm, và là sự chiến thắng tối hậu của lý trí nhân loại.

Như một cuốn chỉ nam súc tích, đầy ngạc nhiên, và được

minh họa phong phú, giúp đi đến những khám phá đang thay đổi kiến thức của chúng ta và đe dọa một số hệ thống tư duy yêu quý nhất của chúng ta, <u>The Grand Design</u> – <u>Thiết Kế Vĩ Đại</u> là một cuốn sách sẽ thông tri và thách thức, không như bất kỳ cuốn sách nào khác.

Giới Thiệu Tổng Quát

STEPHEN HAWKING was the Lucasian Professor of Mathematics at the University of Cambridge for thirty years, and has been the recipient of numerous awards and honors including, most recently, the Presidential Medal of Freedom. His books for the general reader include the classic *A Brief History of Time, Black Holes and Baby Universes and Other Essays, The Universe in a Nutshell,* and *A Briefer History of Time*. He lives in Cambridge, England.

www.hawking.org.uk

LEONARD MLODINOW is a physicist at Caltech and the bestselling author of *The Drunkard's Walk: How Randomness Rules Our Lives, Euclid's Window: The Story of Geometry from Parallel Lines to Hyperspace,* and *Feynman's Rainbow: A Search for Beauty in Physics and in Life*. He also wrote for *Star Trek: The Next Generation*. He lives in South Pasadena, California.

Chương I
Bí Mật của Hiện Hữu

(The Mystery of Being)

Tổng Quát

Mỗi chúng ta chỉ hiện hữu một thời gian ngắn, và trong khoảng thời gian đó chỉ thám hiểm được một phần nhỏ của toàn thể vũ trụ. Nhưng con người là một chủng loại hiếu kỳ. Chúng ta thắc mắc, chúng ta tìm câu trả lời. Khi sống trong thế giới bao la nầy khi hiền khi dữ, và nhìn lên bầu trời mênh mông trên đầu, con người luôn luôn đưa ra muôn vàn câu hỏi: làm thế nào chúng ta có thể hiểu được thế giới trong đó chúng ta đang sống? Vũ trụ hành xử như thế nào? Bản chất của thực tại là gì? Tất cả những thứ nầy từ đâu đến? Liệu vũ trụ có một đấng tạo hóa hay không? Hầu hết chúng ta không dành phần lớn thời gian để bận tâm về những câu hỏi đó, nhưng hầu hết chúng ta đều bận tâm về chúng một thời gian nào đó.

"... And that is my philosophy."

Theo truyền thống, đây là những câu hỏi triết học, nhưng triết học đã chết. Triết học đã không theo kịp với tiến triển khoa học hiện đại. Các khoa học gia đã trở thành những người cầm đuốc khám phá trong tiến trình đi tìm kiến thức. Mục tiêu của cuốn sách này là đưa ra những câu trả lời đưa đến từ những khám phá mới đây và những tiến bộ lý thuyết. Những khám phá và tiến bộ nầy đưa chúng ta đến một bức tranh mới về vũ trụ và về vị trí của chúng ta trong vũ trụ đó; bức tranh đó khác hẳn với bức tranh cổ truyền, và khác ngay cả với bức tranh mà chúng ta có thể đã vẽ một hay hai thập niên trước đây. Tuy nhiên, những nét của quan niệm mới có thể được truy nguyên ngược về gần như cả thế kỷ.

Theo quan niệm cổ truyền về vũ trụ, vật thể di chuyển trên một lộ trình được xác định rõ ràng và có những lịch sử nhất định. Chúng ta xác định vị trí chính xác của chúng tại mỗi thời điểm. Mặc dù phương pháp đó tạm thành công đối với những mục tiêu hằng ngày, vào năm 1902 người ta thấy rằng bức tranh cổ điển đó không thể giải thích được hành xử có vẻ kỳ quặc được quan sát trên thang hiện hữu nguyên tử và thứ nguyên tử (atomic and subatomic scales of existence). Thay vì thế, chúng ta cần phải chọn một khuôn khổ khác, mệnh danh là vật lý lượng tử (*quantum*). Những lý thuyết *quantum* hóa ra rất ư chính xác trong việc tiên đoán những biến cố xảy ra trên khung thang đó, trong khi vẫn thực hiện được những tiên đoán của những lý thuyết cổ điển khi áp dụng cho thế giới vĩ mô của đời sống hằng ngày. Nhưng *quantum* và vật lý cổ điển được dựa trên những quan niệm rất khác nhau về thực tại vật lý.

Những lý thuyết *quantum* có thể công thức hóa bằng nhiều cách, nhưng phương thức mô tả có lẽ trực giác nhất là của Richard Feynman, một gã màu mè làm việc tại Viện kỹ thuật California Institute of Technology và chơi trống *bongo* cho một hộp đêm khỏa thân cuối đường. Theo Feynman, một hệ thống không phải chỉ có một lịch sử nhưng có đủ mọi lịch sử có thể có. Trong khi đi tìm những câu trả lời, chúng tôi sẽ giải thích phương án của Feynman một cách chi tiết, và xử

Chương I: Bí Mật của Hiện Hữu

dụng nó để tìm hiểu quan niệm cho rằng vũ trụ không có một lịch sử duy nhất, hay ngay cả một hiện hữu độc lập. Đó dường như một tư tưởng cực đoan, ngay cả đối với nhiều vật lý gia.

Thực vậy, giống như nhiều khái niệm trong khoa học ngày nay, nó có vẻ vi phạm trực cảm (common sense). Nhưng trực cảm lại được dựa trên kinh nghiệm hằng ngày, không phải trên vũ trụ như được nhìn thấy qua những kỳ công của kỹ thuật như những kỳ công cho phép chúng ta nhìn sâu vào nguyên tử hay nhìn ngược về vũ trụ sơ khai.

Trước khi vật lý cận đại xuất hiện, thông thường người ta vẫn nghĩ rằng tất cả kiến thức về thế giới có thể đạt được qua quan sát trực tiếp, mọi vật đúng như chúng hiện ra, được tri giác qua những giác quan của chúng ta. Nhưng sự thành công lẫy lừng của vật lý hiện đại, căn cứ trên những quan niệm như của Feynman, mâu thuẫn với kinh nghiệm hằng ngày, đã cho thấy rằng sự thực không phải là thế. Do đó quan niệm ngây thơ về thực tại không tương hợp với vật lý hiện đại. Để giải quyết những nghịch lý như thế, chúng tôi sẽ chọn một phương án mà chúng tôi gọi là thuyết thực tại theo mô hình (*model-dependent realism*).

Thuyết nầy dựa trên ý niệm cho rằng não bộ của chúng ta diễn đạt nguồn vào (input) từ giác quan bằng cách xây dựng một mô hình của thế giới. Khi một mô hình như thế thành công trong việc giải thích những biến cố, chúng ta có xu hướng gán cho nó, và cho những yếu tố và quan niệm tạo nên nó, đặc tính của thực tại hay chân lý tuyệt đối. Nhưng có thể có những cách khác theo đó người ta có thể lập mô hình cho cùng một hoàn cảnh vật lý, mỗi cách dùng những yếu tố và quan niệm căn bản khác nhau. Nếu hai lý thuyết hay mô hình như thế tiên đoán chính xác những biến cố giống nhau, thì lý thuyết nầy không thể được coi là thực hơn lý thuyết kia; đúng hơn, chúng ta được tự do xử dụng mô hình nào thuận tiện nhất.

Các Lý Thuyết

Trong lịch sử khoa học chúng ta đã khám phá một chuỗi những lý thuyết hay mô hình càng ngày càng tốt hơn, từ Platon đến lý thuyết Newton cổ điển, đến những lý thuyết *quantum* hiện đại. Đương nhiên người ta có thể thắc mắc: Liệu chuỗi nầy cuối cùng sẽ đạt được một điểm đến, một lý thuyết của vũ trụ, một lý thuyết tối hậu về vũ trụ, sẽ bao gồm tất cả những lực và tiên đoán mọi quan sát mà chúng ta có thể thực hiện, hay chúng ta sẽ tiếp tục mãi mãi đi tìm những lý thuyết tốt hơn, nhưng không bao giờ có một lý thuyết mà không một lý thuyết nào mới có thể tốt hơn?

Chúng ta vẫn chưa có được câu trả lời dứt khoát về câu hỏi nầy, nhưng bây giờ chúng ta có một ứng viên (candidate) cho thuyết tối hậu về mọi hiện tượng, nếu quả thật là có một lý thuyết tối hậu như thế; ứng viên đó là thuyết *M- theory*.

Thuyết *M-theory* là mô hình duy nhất có được tất cả những thuộc tính mà lý thuyết tối hậu phải có, và đó là lý thuyết căn bản cho những gì được trình bày ở các phần sau.

Thuyết *M-theory* không phải là một lý thuyết theo nghĩa thông thường. Đó là cả một tập hợp của những lý thuyết khác nhau, mỗi lý thuyết là một mô tả tốt về những quan sát được giới hạn trong một phạm vi nào đó của những hoàn cảnh vật lý. Đó hơi giống như một bản đồ. Như chúng ta biết, người ta không thể cho thấy toàn bộ mặt của trái đất trên một bản đồ duy nhất. Kỹ thuật phóng ảnh *Mercator* thông thường xử dụng cho bản đồ thế giới làm cho các khu vực hiện ra càng lúc càng lớn hơn xa về hướng bắc và nam và không cho thấy Bắc Cực và Nam Cực. Muốn vẽ trung thực toàn bộ trái đất, người ta phải dùng một loạt nhiều bản đồ, mỗi bản đồ bao quản một vùng hạn chế. Những bản đồ trùng lắp lên nhau, và tại những nơi trùng lắp, chúng cho thấy một địa hình như nhau. Thuyết *M-theory* cũng tương tự như thế. Những lý thuyết khác nhau trong tập hợp *M-theory* có thể trông rất khác nhau, nhưng tất cả chúng có thể được nhìn như những phương diện của cùng một lý thuyết căn bản. Chúng

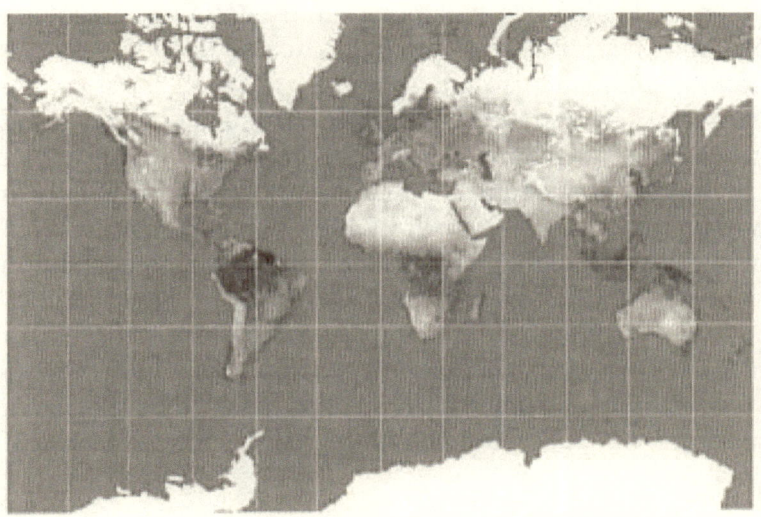

World Map It may require a series of overlapping theories to represent the universe, just as it requires overlapping maps to represent the earth.

là những phiên bản của lý thuyết chỉ được áp dụng trong những phạm vi giới hạn – ví dụ, khi một số đại lượng nào đó như năng lượng mang trị số nhỏ chẳng hạn. Cũng như những bản đồ trùng lắp trong phóng ảnh *Mercator*, nơi nào các phiên bản khác nhau trùng lắp nhau, thì ở đó chúng tiên đoán hiện tượng giống nhau. Nhưng cũng y hệt như không có bản đồ phẳng nào biểu thị đúng toàn bộ bề mặt của trái đất, không có lý thuyết đơn thuần nào biểu thị đúng những quan sát trong mọi hoàn cảnh.

M-Theory

Chúng tôi sẽ mô tả làm thế nào thuyết *M-theory* có thể đưa ra những câu trả lời cho các câu hỏi về tạo hóa. Theo thuyết

Chương I: Bí Mật của Hiện Hữu

M-theory, vũ trụ của chúng ta không phải là vũ trụ duy nhất. Ngược lại, thuyết *M-theory* tiên đoán rằng rất nhiều vũ trụ được tạo ra từ khống khứ (nothing). Sự tạo dựng nầy không đòi hỏi sự can dự của đấng siêu việt hay thần thánh nào cả. Ngược lại, những vũ trụ đông đảo nầy nẩy sinh một cách tự nhiên từ quy luật vật lý. Những vũ trụ đó là một tiên đoán của khoa học. Mỗi vũ trụ có nhiều lịch sử khả thể và nhiều trạng thái khả thể vào những thời kỳ sau nầy, nghĩa là, vào những thời kỳ như hiện tại, lâu sau khi chúng được tạo dựng ra. Đa số những trạng thái nầy sẽ hoàn toàn không giống những vũ trụ mà chúng ta quan sát và hoàn toàn không thích hợp cho sự sinh tồn của bất kỳ hình thức sống nào. Chỉ có một số rất ít cho phép những sinh vật như chúng ta sinh tồn mà thôi. Như thế, từ hàng ngũ bao la đó, sự hiện diện của chúng ta chỉ chọn lựa ra những vũ trụ nào thích hợp với sự hiện hữu của chúng ta mà thôi. Mặc dù chúng ta bé nhỏ và vô nghĩa trên bình diện vũ trụ, sự chọn lựa đó, theo một nghĩa nào đó, biến chúng ta thành những đấng sáng tạo (lords of creation).

Muốn hiểu được vũ trụ ở trình độ sâu xa nhất, chúng ta cần phải biết không những vũ trụ hành xử *ra sao* mà còn phải biết *tại sao* vũ trụ hành xử như thế.

Tại sao lại có một cái gì đó thay vì không có gì cả? Tại sao chúng ta hiện hữu?

Tại sao hệ định luật đặc thù nầy mà không phải một hệ nào khác?

Đây là Câu Hỏi Tối Hậu về Sự Sống, Vũ Trụ, và Tất Cả Mọi Hiện Tượng (*The Ultimate Question of Life, the Universe, and Everything*). Chúng ta sẽ thử trả lời nó trong cuốn sách nầy. Không giống như câu trả lời trong cuốn *The Hitchhiker's Guide to the Galaxy*[*], câu trả lời của chúng tôi sẽ không đơn thuần là "42$^{(*)}$."

*(*)"**The Hitchhiker's Guide to the Galaxy**" là nhan đề cuốn sách thứ nhất của sáu cuốn trong trường thiên bộ ba hài kịch khoa học giả tưởng năm màn cùng tên. Cuốn truyện nầy là mô phỏng của bốn kỳ phát thanh của Adam mang cùng tựa đề. Tiểu thuyết được xuất bản lần đầu tiên tại Luân Đôn ngày 12 tháng Mười năm 1979. Câu chuyện bắt đầu với những nhà thầu đến nhà Arthur Dent để phá nhà nầy nhằm xây một xa lộ. Người bạn của y tên Ford Prefect đi đến trong khi Arthur nằm ngay trước những xe ủi để cản không cho phá nhà. Người nầy giải thích cho Arthur biết rằng y thực sự đến từ một hành tinh nằm gần sao Betelgeuse và cho biết trái đất sắp bị phá hủy. Những người hành tinh Vogons muốn phá hủy trái đất để trống chỗ xây một xa lộ không gian. Cả hai trốn thoát bằng cách leo lên một xe ủi của những người Vogon. Tuy nhiên, điều nầy trái với các điều lệ của Vogon, và khi hai người bị phát hiện, họ bị tra tấn bằng cách phải ngồi đọc thơ Vogon, loại thơ dở hàng thứ ba trong vũ trụ, và sau đó bị quẳng vào không gian. Sau khi được con tàu Heart of Gold vớt và đưa đến một hành tinh giả tưởng tên Magratea, Arthur bị tách khỏi những người khác và được đưa vào bên trong hành tinh. Arthur được cho biết trái đất thực sự là một máy siêu điện toán (supercomputer) được phép hoạt động và chi trả bởi một chủng loại sinh vật "tối thông minh – hyper- intelligent", thuộc thế giới "liên chiều – pan-dimensional". Những sinh vật nầy trước đó đã chế tạo được một máy siêu điện toán mang tên Deep Thought để tính Câu Trả Lời cho Câu Hỏi Tối Hậu về Sự Sống, Vũ Trụ, và Mọi Thứ (The Answer to The Ultimate Question of Life, the Universe, and Everything). Máy điện toán nầy, sau bảy triệu rưỡi năm tính toán, đã công bố rằng Câu Trả Lời thực sự là **42**. Vì không hài lòng với câu trả lời, bọn họ cố tìm ra Câu Hỏi có thể cho biết nghĩa của Câu Trả Lời (42), do đó Deep Thought thiết*

CHƯƠNG I: Bí Mật của Hiện Hữu

kế ra Trái Đất để tính ra câu trả lời. Tuy nhiên, mười triệu năm sau, và ngay năm phút trước khi hoàn thành lập trình mà Trái Đất được thế kế để thi hành, những người hành tinh Vogon phá hủy Trái Đất. – Phụ chú của người chuyển ngữ.

Chương II
Nguyên Tắc của Định Luật

(The Rule of Law)

Tổng Quát

Eclipse The ancients didn't know what caused eclipses, but they did notice patterns in their occurrence.

Trong thần thoại Viking, hai con sói Skoll và Hati săn đuổi mặt trời và mặt trăng. Khi những con sói bắt được mặt trời hay mặt trăng thì xảy ra nhật thực hay nguyệt thực. Khi chuyện nầy xảy ra, con người trên trái đất vội vàng đi cứu mặt trời và mặt trăng bằng cách la hét hết sức ầm ĩ với hy vọng sẽ làm cho những con sói sợ mà chạy đi. Trong các văn hóa khác cũng có những huyền thoại tương tự. Nhưng sau một thời gian, người ta đã phải lưu ý thấy rằng mặt trời và mặt trăng mọc lại sau mỗi lần nhật thực hay nguyệt thực dù họ có chạy ra la hét hay không. Sau một thời gain họ cũng đã phải lưu ý thấy rằng nhật thực hay nguyệt thực không xảy ra tùy tiện: chúng xảy ra theo những biểu mẫu (patterns) đều đặn được lặp đi lặp lại. Những biểu mẫu đó hiển nhiên nhất đối với nguyệt thực và đã giúp những người Babylon tiên đoán được nguyệt thực khá chính xác cho dù họ không nhận thức được đó là do trái đất che khuất ánh sáng mặt trời. Nhật thực thì khó tiên đoán hơn vì chúng chỉ thấy được trong một hành lang rộng khoảng 30 *miles* trên trái đất. Hơn nữa, một khi nhận định được những biểu mẫu, người ta mới thấy rõ những nhật thực hay nguyệt thực không phải do tính khí tùy tiện của các thần linh mà do những định luật.

Bất chấp một ít thành công buổi đầu trong việc tiên đoán sự chuyển động của các thiên thể, đa số những biến cố trong thiên nhiên, trong mắt của tổ tiên chúng ta, có vẻ như không thể nào tiên đoán nổi. Núi lửa, động đất, bão tố, dịch bệnh, và móng chân mọc ngược vào trong, tất cả dường như xảy ra không có nguyên nhân hay biểu mẫu rõ ràng. Trong thời kỳ cổ xưa, đó là chuyện tự nhiên khi người ta quy những biến động thiên nhiên hung dữ cho những thần linh hung ác. Những thiên tai thường được xem như là một dấu hiệu cho thấy rằng chúng ta đã làm một điều gì xúc phạm các thần thánh. Chẳng hạn, vào năm 5600 trước Công Nguyên núi lửa Mazama ở Oregon phun, bắn tung đất đá và tro bụi qua nhiều năm, và dẫn đến nhiều năm mưa to gió lớn khiến cuối cùng lấp cả miệng núi lửa lại, nơi ngày nay được gọi là Crater Lake. Những người Da Đỏ bộ lạc Klamath ở Oregon có một truyền thuyết giống hệt như mọi chi tiết địa chất của biến cố nhưng thêm vào một ít cường điệu bằng cách vẽ vời con người như nguyên nhân của thiên tai đó. Khả năng phạm tội của con người lớn đến độ con người luôn luôn tìm cách để trách cứ chính mình. Theo truyền thuyết trên, Llao, một dạng Diêm Vương, đem lòng yêu cô con gái xinh

Chương II: Nguyên Tắc của Định Luật

đẹp của tù trưởng Klamath. Cô ta từ chối một cách khinh bỉ; và để trả thù, Llao ra sức tiêu hủy bộ lạc Klamath bằng lửa. May thay, theo truyền thuyết, Skell, một dạng Thiên Hoàng, thương hại con người và khai chiến với Diêm Vương. Cuối cùng Llao, bị thương, rơi vào lại bên trong núi Mazama, để lại một hố lớn, tức miệng núi lửa bị nước làm ngập.

Sự thiếu hiểu biết về những hoạt động của thiên nhiên khiến con người trong thời cổ xưa cho rằng thần thánh chế ngự mọi phương diện trong đời sống con người. Có những thần tình yêu và chiến tranh, thần mặt trời, trái đất, và bầu trời, biển và sông, mưa và sấm sét, ngay cả động đất và núi lửa. Khi thần thánh vui thì nhân gian được hưởng thời tiết tốt, hòa bình, và thoát khỏi thiên tai bệnh tật. Khi họ không vui thì sẽ có hạn hán, chiến tranh, dịch bệnh. Vì quan hệ nhân quả trong thiên nhiên không thể thấy được trong mắt họ nên đối với họ những thần thánh nầy tỏ ra không thể hiểu được, và tác ai tác quái con người. Nhưng với nhà hiền triết Hy Lạp Thales ở Miletus (khoảng 624 BC – 546 BC) khoảng 2600 năm trước đây, quan niệm đó đã bắt đầu thay đổi. Ông cho rằng thiên nhiên tuân theo những nguyên tắc nhất quán có thể giải mã được. Và như thế là bắt đầu tiến trình thay thế quan niệm thần thánh cai trị bằng quan niệm một vũ trụ được chi phối bởi những định luật thiên nhiên, và được tạo dựng theo một mật mã mà một ngày nào đó chúng ta có thể học để đọc cho được.

Homo Sapiens

Xét trên tiến trình lịch sử con người, sự tìm hiểu khoa học là một công trình rất mới mẻ. Chủng loại của chúng ta, *Homo sapiens*, bắt nguồn từ Châu Phi bên dưới sa mạc Sahara khoảng 200 ngàn năm trước Công Nguyên. Ngôn ngữ thành văn chỉ xuất hiện khoảng 7 ngàn năm trước Công Nguyên, sản phẩm của những xã hội tập trung vào trồng trọt. (Một số chữ viết cổ xưa nhất liên quan đến chế độ khẩu phần rượu

Chương II: Nguyên Tắc của Định Luật

bia cho mỗi công dân.) Những văn tự xưa nhất từ nền văn minh lớn của cổ Hy Lạp có từ thế kỷ thứ chín trước Công Nguyên, nhưng đỉnh cao của nền văn minh ấy, tức "giai đoạn cổ điển", vài trăm năm sau mới xuất hiện, bắt đầu ít lâu trước 500 BC. Theo Aristote (384 BC-322 BC), khoảng thời gian đó Thales lần đầu tiên triển khai quan niệm cho rằng thế giới có thể hiểu được, rằng những biến cố phức tạp chung quanh chúng ta có thể giản lược vào những nguyên tắc và giải thích được mà không cần dùng đến những giải thích huyền thoại hay thần học.

Thales có công lớn vì là người đầu tiên dự đoán được nhật thực vào năm 585 BC, mặc dù độ chính xác của tiên đoán của ông có thể là một phỏng đoán may mắn. Ông là một khuôn mặt trong bóng tối, không để lại bút tích gì của mình. Tư gia của ông là một trong những trung tâm trong một vùng mệnh danh là Ionia, bị người Hy Lạp đô hộ và vùng nầy có một ảnh hưởng từ Thổ Nhĩ Kỳ đến Tây Ý Đại Lợi. Khoa học vùng Ionia là một công trình đặc biệt chú trọng đến khám phá những định luật căn bản nhằm giải thích những hiện tượng thiên nhiên, một cột mốc rất lớn trong lịch sử tư tưởng nhân loại. Phương án của họ là lý trí và trong nhiều trường hợp đã đưa đến những kết luận tương tự một cách bất ngờ với những gì mà những phương pháp tối tân ngày nay mang đến. Khoa học đó tượng trưng cho một khởi điểm vĩ đại. Nhưng qua bao thế kỷ phần lớn khoa học Ionia đã bị lãng quên – chỉ được tái khám phá hay tái phát minh, đôi khi hơn một lần.

Chương II: Nguyên Tắc của Định Luật

Ionia Scholars in ancient Ionia were among the first to explain natural phenomena through laws of nature rather than myth or theology.

Pythagore

Theo truyền thuyết, công thức toán học đầu tiên của những gì chúng ta có thể gọi ngày nay là một định luật thiên nhiên có từ thời Pythagore, một người Ionia (580 BC-490 BC), nổi tiếng nhờ vào định đề mang tên ông: bình phương cạnh huyền của một tam giác vuông bằng tổng số của bình phương hai cạnh kia. Pythagore được nói là đã khám phá ra liên hệ số học giữa chiều dài các dây đàn dùng trong một nhạc cụ và những phối hợp hòa âm của các âm thanh. Theo ngôn ngữ ngày nay, chúng ta có thể mô tả liên hệ đó bằng cách nói rằng tần số - tức số rung trong một giây – của một sợi dây đàn rung dưới độ căng cố định tỉ lệ thuận với chiều dài của dây đàn. Trên quan điểm thực tế, điều đó giải thích tại sao các đàn *guitar bass* phải cần có dây dài hơn *guitar* thường. Có lẽ Pythagore không thực sự khám phá điều nầy – ông cũng không khám phá định đề mang tên ông – nhưng có bằng chứng cho thấy một vài liên hệ giữa độ dài của dây và âm sắc (pitch) đã được biết đến thời đó. Nếu thế người ta có thể gọi công thức toán học đơn giản đó là biểu mẫu đầu tiên của những gì chúng ta ngày nay biết đến như vật lý lý thuyết (theoretical physics).

Ngoài định luật về dây đàn của Pythagore, những định luật vật lý duy nhất được biết chính xác là của những người thời xưa là ba định luật được trình bày một cách chi tiết bởi Archimede (187 BC-212 BC), vật lý gia xuất chúng nhất của thời xưa. Theo ngôn ngữ ngày nay, (i) định luật đòn bẩy giải thích rằng những lực nhỏ có thể nâng được những trọng lượng lớn vì đòn bẩy khuếch đại một lực theo tỉ lệ của chiều dài tính từ điểm tựa. (ii) Định luật sức đẩy nói rằng bất kỳ vật gì chìm trong một chất lỏng sẽ chịu một sức đẩy lên bằng với trọng lượng của khối chất lỏng bị di chuyển đi. (iii) Và định luật phản xạ xác định rằng góc tạo thành bởi một tia sáng và mặt kiếng bằng với góc nằm giữa mặt kiếng và tia sáng phản chiếu. Nhưng Archimedes không gọi chúng là những định luật, cũng không giải thích chúng qua tham chiếu với quan sát và đo lường. Ngược lại, ông xem đó như là những định đề toán học, trong một hệ thống biểu đề rất giống với hệ thống mà Euclid tạo ra cho hình học.

Anaximander

Trong khi ảnh hưởng Ionia lan rộng, xuất hiện những người khác đã thấy được rằng vũ trụ có một trật tự nội tại, trật tự có thể hiểu được qua quan sát và lý trí. Anaximander (610 BC- 546 BC), một người bạn và có thể là một sinh viên của Thales, cho rằng, vì những đứa trẻ loài người vốn vô năng khi mới sinh ra, nếu con người đầu tiên bằng cách nào đó xuất hiện trên trái đất như một đứa bé, thì người đó có thể không sống sót được. Anaximander lý luận rằng, do đó, trong điều kiện có thể được xem như là một gợi ý về tiến hóa đó, con người phải đã tiến hóa từ những động vật sinh được con cái cứng cõi hơn khi mới ra đời. Tại Sicily, Empedocles (490 BC– 430 BC) quan sát người ta xử dụng một dụng cụ mang tên *clepsydra*. Đôi khi được dùng như một cái giá múc canh, dụng cụ nầy gồm có một trái cầu và một cái cán hình trụ và những lỗ nhỏ dưới đáy trái cầu. Đầu trên của cái cán để hở. Khi nhận chìm xuống nước trái cầu chứa đầy nước, và nếu đầu trên của cái cán bịt lại thì cái giá có thể đưa lên khỏi mặt nước mà nước không thoát ra từ những lỗ dưới đáy. Empedocles lưu ý rằng nếu bạn bịt cán trước khi nhúng gáo xuống nước thì nước không vào được. Ông lý luận rằng phải có cái gì vô hình ngăn cản nước không vào được trong gáo thông qua những lỗ - ông đã khám phá vật thể mà chúng ta gọi là không khí.

Democrite

Cũng vào khoảng thời gian đó, Democrite (460 BC- 370 BC), từ một thuộc địa Ionia ở bắc Hy Lạp, suy ngẫm cái gì xảy ra khi bạn đập vỡ hay cắt một vật ra làm nhiều mảnh. Ông lý luận rằng bạn không có thể tiếp tục làm thế bất tận được. Thay vì thế, ông quả quyết rằng mọi vật, kể cả những sinh vật sống, được tạo thành bởi những đơn tử không thể cắt hay đập vỡ ra thành những mảnh được. Ông gọi những đơn tử nầy là nguyên tử, theo tiếng Hy Lạp có nghĩa là "không thể cắt". Democrite tin rằng mọi hiện tượng vật chất đều là một sản phẩm tạo ra do sự va chạm của những nguyên tử. Trong quan điểm nầy, mệnh danh là thuyết nguyên tử (atomism), tất cả những nguyên tử di chuyển trong không gian, và, nếu không bị nhiễu động, đều vĩnh viễn đi tới. Ngày nay tư tưởng nầy được gọi là luật quán tính (law of inertia).

Tư tưởng cách mạng cho rằng chúng ta chỉ là những cư dân bình thường của vũ trụ, không phải những sinh vật đặc biệt nổi trội hiện hữu tại trung tâm của nó, lần đầu tiên được cổ xướng bởi Aristarchus (310 BC – 230 BC), một trong những khoa học gia cuối cùng của Ionia. Chỉ có một tính toán của

Chương II: Nguyên Tắc của Định Luật

ông còn sót lại mà thôi. Đó là một phân tích hình học phức tạp về những quan sát mà ông thực hiện liên quan đến kích thước của bóng trái đất hiện ra trên mặt trăng vào lúc nguyệt thực. Từ những dữ kiện, ông kết luận rằng mặt trời phải lớn hơn trái đất nhiều. Có thể do ý tưởng cho rằng những vật thể nhỏ phải quay chung quanh những vật thể khổng lồ chứ không phải ngược lại, nên ông đã trở thành người đầu tiên cho rằng trái đất không phải là trung tâm của hệ hành tinh của chúng ta, nhưng ngược lại trái đất và những hành tinh khác quay chung quanh mặt trời lớn hơn nhiều. Đó là một bước nhỏ từ nhận thức cho rằng trái đất chỉ là một hành tinh khác đến quan niệm cho rằng mặt trời của chúng ta chẳng phải là cái gì đặc biệt. Aristarchus nghĩ rằng điều đó đúng và tin rằng những tinh tú mà chúng ta thấy trên bầu trời ban đêm thực sự không gì hơn là những mặt trời ở xa.

Những người Ionia chỉ là một trong nhiều trường phái triết học cổ Hy Lạp, mỗi trường phái có những truyền thống khác nhau và thường mâu thuẫn nhau. Rất tiếc quan niệm về thiên nhiên của người Ionia – cho rằng thiên nhiên có thể được giải thích bằng những định luật tổng quát và giản lược vào một hệ nguyên lý đơn giản – chỉ tạo được một ảnh hưởng mạnh trong một ít thế kỷ mà thôi. Một trong những nguyên nhân là những lý thuyết Ionia thường dường như không đá động gì đến khái niệm về ý chí tự do hay chủ đích (free will or purpose), hay quan niệm cho rằng các thần linh can dự vào vận hành của thế giới. Có những điểm thiếu sót đáng ngạc nhiên gây khó hiểu sâu sắc cho nhiều tư tưởng gia Hy Lạp cũng như cho nhiều người ngày nay. Nhà hiền triết Epicure (341 BC– 270 BC), chẳng hạn, phản đối thuyết nguyên tử vì cho rằng "thà đi theo các huyền thoại về thần thánh còn hơn trở thành nô lệ cho số mệnh của những triết gia thiên nhiên." Aristote cũng bác bỏ quan niệm về nguyên tử vì ông không thể chấp nhận rằng con người được tạo thành bởi những vật thể vô tri vô giác, không linh hồn. Quan niệm Ionia theo đó vũ trụ không lấy con người làm trung tâm là một cột mốc trong kiến thức của chúng ta về vũ trụ, nhưng đó là một tư tưởng bị bỏ rơi và đã không được nhặt lại, hay được chấp nhận phổ quát, cho đến Galileo, gần như hai mươi thế kỷ sau đó.

Các Hiền Triết Hy Lạp

Vì một số những tư duy của họ về thiên nhiên được xây dựng trên trực giác nên hầu hết những tư tưởng của các hiền triết Hy Lạp không được xem như khoa học đúng nghĩa trong thời kỳ hiện đại. Thứ nhất, vì những người Hy Lạp không phát minh được phương pháp khoa học, những lý thuyết của họ không được triển khai với mục tiêu kiểm chứng bằng thí nghiệm. Cho nên nếu một hiền triết tuyên bố rằng một nguyên tử di chuyển theo đường thẳng cho đến khi nó va chạm với một nguyên tử thứ hai và một hiền triết khác tuyên bố nguyên tử di chuyển theo một đường thẳng cho đến khi chạm phải một tên khổng lồ, không có phương pháp khách quan nào để giải quyết cuộc tranh cãi. Hơn nữa, không có sự phân biệt rõ ràng giữa những định luật về con người và định luật về vật lý.

Trong thế kỷ thứ năm trước Công Nguyên, chẳng hạn, Anaximander viết rằng tất cả sự vật đến từ một vật chất sơ khởi (primary substance), và trở về lại vật chất đó, vì sợ "bị phạt và bị tù vì tính tò mò." Và theo triết gia Ionia tên Heraclite (535 BC– 475 BC), mặt trời vận hành như thế là vì, nếu không, nữ thần công lý sẽ đập nó rơi. Vài trăm năm sau những nhà khắc kỷ (Stoics), một trường phái triết gia Hy Lạp xuất hiện vào khoảng thế kỷ thứ ba trước Công Nguyên, chính thức phân biệt những đạo luật về con người và những định luật thiên nhiên, nhưng họ sát nhập những quy luật hành xử của con người mà họ cho là phổ biến (universal) – như tôn thờ Thần Thánh và vâng lời cha mẹ - vào loại những định luật thiên nhiên. Ngược lại, họ thường mô tả những tiến trình vật lý theo ngôn từ pháp lý và tin những tiến trình vật lý đó cần được thi hành, mặc dù những đối tượng bị bắt buộc tuân thủ luật là vô tri vô giác. Nếu bạn nghĩ rằng khó mà bắt con người tuân theo luật giao thông thì hãy tưởng tượng làm thế nào thuyết phục một thiên thạch đi theo một đường bầu dục.

Truyền thống nầy tiếp tục ảnh hưởng những tư tưởng gia đi sau các hiền triết Hy Lạp nhiều thế kỷ tiếp theo. Trong thế kỷ mười ba, triết gia thiên Chúa Giáo Thomas Aquynas (1225 - 1274) dung nạp quan niệm nầy và dùng nó để chứng minh sự hiện hữu của Thượng Đế: "Rõ ràng là [những vật vô tri vô giác] đi đến mục tiêu của chúng không phải do ngẫu nhiên... Do đó, có một nhân vật thông minh nhờ đó mọi vật trong thiên nhiên được xếp đặt theo mục tiêu của nó." Ngay cả vào cuối thế kỷ mười sáu, nhà đại thiên văn học Johannes Kepler (1571 - 1630) còn tin rằng những hành tinh có tri giác và tuân thủ một cách có ý thức những định luật di chuyển được nhận thức qua "đầu óc - mind" của chúng.

Những định luật thiên nhiên

Quan niệm cho rằng những định luật thiên nhiên được tuân theo một cách ý thức phản ảnh quan tâm của các hiền triết cổ điển đến câu hỏi *tại sao* thiên nhiên vận hành như thế, thay vì vận hành *ra sao*. Aristote là một trong những người chủ xướng tiên phong của phương án đó, bác bỏ quan niệm cho rằng khoa học chủ yếu dựa vào quan sát. Đo lường chính xác và tính toán bằng toán học khó có được trong thời cổ xưa. Khái niệm thập phân mà chúng ta thấy rất tiện dụng cho toán học chỉ mới có khoảng năm 700 sau Công Nguyên, khi người Hindus thực hiện những bước đầu tiên biến khái niệm đó thành một công cụ hiệu năng. Những ký hiệu cộng (+) và trừ (-) mãi đến thế kỷ mười lăm mới có. Cả dấu bằng (=) và đồng hồ để đo thời gian có tính giây không có trước thế kỷ mười sáu.

Tuy nhiên, Aristote không xem những vấn đề trong đo lường

Chương II: Nguyên Tắc của Định Luật

và tính toán như là trở ngại cho việc phát triển một vật lý có khả năng đưa ra những tiên đoán định lượng. Ngược lại ông thấy không cần thiết phải thực hiện những tiên đoán đó. Thay vì thế, Aristote xây dựng vật lý của ông trên những nguyên tắc tỏ ra hấp dẫn đối với ông về mặt trí thức. Ông gạt bỏ những sự kiện mà ông thấy không hấp dẫn và tập trung nỗ lực của ông trên những nguyên nhân sự vật xảy ra, với tương đối ít năng lực đầu tư trong việc chi tiết hóa một cách chính xác những gì đang xảy ra. Aristote có điều chỉnh những kết luận của ông khi thấy những mâu thuẫn quá hiển nhiên với quan sát. Nhưng những điều chỉnh đó thường là những giải thích vá víu chỉ nhằm che đậy những mâu thuẫn mà thôi. Theo lối đó, không cần biết lý thuyết của ông sai lệch ra sao với thực tại, ông luôn luôn sửa đổi nó vừa đủ để coi như đã giải quyết được mâu thuẫn. Ví dụ, thuyết chuyển động (theory of motion) của ông nói rằng những vật thể nặng rơi với một vận tốc cố định tỉ lệ với trọng lượng của chúng. Để giải thích sự kiện những vật thể hiển nhiên tăng tốc khi rơi, ông đưa ra một nguyên tắc mới – theo đó những vật thể di chuyển thích thú hơn và do đó tăng tốc khi chúng đến gần hơn vị trí ngừng lại tự nhiên, một nguyên tắc ngày nay giống như một mô tả thích hợp cho

"If I've learned one thing in my long reign, it's that heat rises."

một số người hơn là cho những vật vô tri. Mặc dù những lý thuyết của Aristote thường ít có giá trị tiên liệu, phương án khoa học của ông đã chế ngự tư tưởng Tây Phương gần hai ngàn năm.

Những hậu bối Thiên Chúa Giáo

Những hậu bối Thiên Chúa Giáo của các hiền triết Hy Lạp bác bỏ tư tưởng cho rằng vũ trụ được chi phối bởi định luật thiên nhiên vô tư. Họ cũng bác bỏ tư tưởng cho rằng con người không chiếm giữ một vị trí đặc ân bên trong vũ trụ. Và mặc dù giai đoạn trung cổ không có một hệ thống triết học mạch lạc nào cả, có một chủ đề chung cho rằng vũ trụ là gian nhà đồ chơi của Thượng Đế, và tôn giáo là một bổn phận tôn quý hơn nhiều so với những hiện tượng thiên nhiên. Thực vậy, vào năm 1277, Giám Mục Tempier ở Paris, khi hành động theo huấn dụ của Đức Giáo Hoàng XXI, xuất bản một danh sách gồm 219 hình thức sai lầm hay tà đạo phải bị kết tội. Trong số những tà đạo nầy có tư tưởng cho rằng thiên nhiên tuân theo những định luật, vì điều nầy mâu thuẫn với toàn năng của Chúa. Điều trớ trêu là Đức Giáo Hoàng John bị giết bởi những hậu quả của luật trọng lực một ít tháng sau đó, khi mái cung điện sập đè chết.

Quan niệm hiện đại về những định luật thiên nhiên xuất hiện trong thế kỷ mười bảy. Kepler dường như là khoa học gia đầu tiên hiểu được danh từ nầy theo nghĩa hiện đại, mặc dù, như chúng tôi đã nói, ông vẫn duy trì quan điểm vạn vật hữu linh (animistic) đối với những hiện tượng vật lý. Galileo (1564 - 1642) không dùng từ *"law – định luật"* trong những tác phẩm khoa học nhất của ông (mặc dù từ ngữ nầy xuất hiện trong một số bản dịch của những tác phẩm đó). Nhưng dù từ đó có dùng hay không, Galileo thực sự khám phá ra nhiều định luật lớn, và cổ xướng những nguyên lý quan trọng cho rằng quan sát là nền tảng của khoa học và mục tiêu của khoa học là nghiên cứu những liên hệ định lượng (quantitative relationships) hiện hữu giữa những hiện tượng vật lý. Nhưng người đầu tiên đưa ra khái niệm một cách minh nhiên và rành mạch về những định luật thiên nhiên theo như chúng ta hiểu ngày nay là René Descartes (1596 - 1650).

René Descartes

Descartes tin rằng tất cả những hiện tượng vật lý phải được giải thích dựa trên những va chạm của những trọng khối di chuyển (moving masses), những trọng khối nầy bị chi phối bởi ba định luật – tiền bối của những định luật chuyển động của Newton (laws of motion). Ông khẳng định rằng những định luật thiên nhiên kia là giá trị ở mọi nơi và mọi thời gian, và công khai tuyên bố rằng sự tuân theo những định luật nầy không có nghĩa là những vật thể di chuyển đó có linh hồn. Descartes cũng hiểu tầm quan trọng của những gì ngày nay chúng ta gọi là "những điều kiện sơ khởi – initial conditions". Những điều kiện đó mô tả trạng thái của một hệ thống vào lúc ban đầu của bất kỳ khoảnh khắc thời gian nào qua đó chúng ta tìm cách thực hiện những dự đoán. Với một hệ điều kiện sơ khai được xác định, những định luật thiên nhiên xác định một hệ thống sẽ tiến hóa ra sao qua thời gian, nhưng nếu không có một hệ điều kiện sơ khai đặc biệt thì quá trình tiến hóa không thể xác định được. Ví dụ, nếu vào thời điểm *zero* một con bồ câu đang ở ngay trên đầu thả một vật gì xuống, lộ trình của vật rơi đó được xác định bởi những định luật Newton. Nhưng kết quả sẽ rất khác biệt tùy theo, tại thời điểm *zero*, con bồ câu có đậu yên trên đường dây điện thoại hay bay qua với vận tốc 20 *miles*/giờ. Muốn áp dụng các định luật vật lý người ta phải biết hệ thống bắt đầu như thế nào, hay ít nhất phải biết trạng thái của nó ở một thời điểm nhất định nào đó. (Người ta cũng có thể xử dụng những định luật để theo dõi một hệ thống ngược chiều thời gian.)

Với sự khôi phục của niềm tin nầy vào sự hiện hữu của những định luật thiên nhiên, xuất hiện những nỗ lực nhằm hòa giải những định luật đó với quan niệm về Thượng Đế. Theo Descartes, Thượng Đế có thể tùy tiện biến đổi sự thật hay sự dối trá của những giáo điều đạo đức hay những định đề toán học, nhưng không thể biến đổi thiên nhiên. Ông tin rằng Thượng Đế ban lệnh thi hành (ordain) những định luật thiên nhiên nhưng không có được lựa chọn nào trong những định luật đó cả; đúng hơn, ngài chọn những định luật đó vì những định luật mà chúng ta kinh qua là những định luật duy nhất có thể có được. Điều nầy dường như xúc phạm uy quyền của Thượng Đế, nhưng Descartes né tránh vấn đề bằng cách lý luận rằng những định luật là bất khả biến đổi vì chúng là phản ảnh của chính bản chất của Thượng Đế. Nếu điều đó là đúng, thì người ta có thể nghĩ rằng Thượng Đế vẫn có được lựa chọn trong việc tạo dựng nhiều thế giới khác nhau, mỗi thế giới như thế tương ứng với một hệ điều kiện sơ khai khác nhau, nhưng Descartes cũng phủ nhận chuyện nầy. Ông cho biết, bất luận vật chất được sắp xếp thế nào vào lúc ban sơ của vũ trụ, qua thời gian, một thế giới y hệt như thế giới chúng ta sẽ tiến hóa. Hơn nữa, Descartes cảm thấy rằng, một khi Thượng Đế cho thế giới vận hành rồi, ngài cảm thấy hoàn toàn cô đơn. Một lập trường tương tự (với một ít ngoại lệ) được Isaac Newton (1643 - 1727) chấp nhận. Newton là người được mọi người chấp nhận với quan niệm hiện đại về một định luật khoa học hiện đại với ba định luật về chuyển động (law of motion) và định luật trọng lực (law of gravity), đã giải thích được những quỹ đạo của trái đất, mặt trăng, và các hành tinh, và giải thích những hiện tượng như thủy triều. Số phương trình mà ông đưa ra, và khuôn khổ toán học tinh vy mà chúng ta diễn dịch ra từ đó, ngày nay vẫn còn được đem ra dạy, và xử dụng khi nào một kiến trúc sư thiết kế một tòa nhà, một kỹ sư thiết kế mọt chiết xe, hay một vật lý gia tính cách sao để bắn một hỏa tiễn lên Sao Hỏa. Như ngà thơ Alexander Pope nói:

Thiên nhiên và những định luật thiên nhiên nằm ẩn trong đêm:

Thượng Đế nói, Hãy để mặc cho Newton! và tất cả đều sáng

Chương II: Nguyên Tắc của Định Luật

cả.

(Nature and Nature's laws lay hid in night: God said, Let Newton be! *And all was light)*

Ngày nay hầu hết các khoa học gia thường nói một định luật thiên nhiên là một nguyên lý dựa trên một hiện tượng đều đặn quan sát được và cung ứng những tiên đoán vượt qua những hoàn cảnh trước mắt mà nguyên lý đó dựa vào. Ví dụ, chúng ta có thể thấy rằng mặt trời đã mọc ở phương đông mỗi ngày trong cuộc sống của chúng ta, và đưa ra định luật "Mặt trời luôn luôn mọc ở phương đông." Đây là một tổng quát hóa vượt quá những quan sát của chúng ta về mặt trời mọc và đưa ra những tiên liệu có thể thí nghiệm liên quan đến tương lai. Ngược lại, một câu nói như *"Các máy vi tính trong văn phòng nầy là màu đen"* thì không phải là một định luật về thiên nhiên vì nó chỉ liên quan đến những máy vi tính trong văn phòng và không đưa ra những tiên đoán như *"Nếu văn phòng của tôi mua một máy vi tính mới, thì nó sẽ là màu đen."*

Kiến thức hiện đại của chúng ta về từ ngữ "định luật thiên nhiên" là một đề tài mà các triết gia tranh luận dai dẳng, và đó là một câu hỏi tế nhị hơn người ta mới nghĩ lần đầu. Ví dụ, triết gia John W. Carroll so sánh câu nói *"Tất cả những quả cầu bằng vàng đều có đường kính ngắn hơn một mile"* với câu nói như *"Tất cả quả cầu bằng uranium-235 đều có đường kính ngắn hơn một mile."* Những quan sát thế giới của chúng ta nói với chúng ta rằng không có những quả cầu nào bằng vàng có bề ngang rộng hơn một mile, và chúng ta có thể tin chắc sẽ không bao giờ có. Nhưng chúng ta không có lý do để tin rằng không thể có, và do đó câu nói đó không được xem là một định luật. Ngược lại, câu nói *"Tất cả quả cầu bằng uranium-235 đều có đường kính ngắn hơn một mile"* có thể được nghĩ như là một định luật thiên nhiên bởi vì, dựa theo những gì chúng ta biết về vật lý nguyên tử, một khi một quả cầu bằng uranuium-235 lớn và đạt được đường kính dài hơn sáu *inch*, thì nó sẽ tự hủy diệt trong một vụ nổ nguyên tử. Như thế chúng ta có thể chắc chắn rằng một quả cầu như thế không có. (Và chẳng điên gì tạo ra một quả cầu như thế!) Sự phân biệt nầy quan trọng bởi vì nó cho thấy rằng không phải tất cả những tổng quát hóa nào mà chúng ta quan sát thấy cũng có thể được nghĩ là những định luật thiên nhiên, và hầu hết các định luật thiên nhiên hiện hữu như một phần của một hệ thống những định luật liên đới với nhau.

Khoa học hiện đại

Trong khoa học hiện đại, những định luật thiên nhiên thường được phát biểu bằng toán học. Những định luật nầy có thể là chính xác hay phỏng chừng, nhưng chúng phải được quan sát, không có ngoại lệ, để - nếu không đúng một cách phổ quát (universally) - thì ít ra đúng dưới một số điều kiện được nêu rõ. Ví dụ, chúng ta biết rằng những định luật Newton phải được sửa đổi nếu những vật thể di chuyển với phương tốc gần bằng vận tốc ánh sáng. Tuy nhiên, chúng ta vẫn xem những định luật Newton là định luật vì chúng đúng, ít nhất theo một phỏng đoán rất tốt, đối với những điều kiện của thế giới hằng ngày, trong đó những vận tốc mà chúng ta chứng kiến đều ở dưới xa vận tốc ánh sáng.

Nếu thiên nhiên được chi phối bởi những định luật, thì có ba câu hỏi được nêu lên:

1. Nguồn gốc của những định luật là gì?
2. Có những ngoại lệ nào không, như phép lạ chẳng hạn?
3. Chỉ có một hệ định luật khả thể duy nhất?

Những câu hỏi quan trọng nầy đã được giải quyết theo nhiều cách khác nhau bởi những khoa học gia, triết gia, và thần học gia. Những câu trả lời truyền thống cho câu hỏi thứ nhất –

Chương II: Nguyên Tắc của Định Luật

câu trả lời của Kepler, Galileo, Descartes, và Newton – là: những định luật thiên nhiên là công trình của Thượng Đế. Tuy nhiên, đây không gì hơn là định nghĩa Thượng Đế như một hiện thân của những định luật thiên nhiên. Trừ phi người ta quy cho thượng Đế những thuộc tính khác, như Thượng Đế của Cựu Ước chẳng hạn, bằng không thì dùng Thượng Đế như một câu trả lời cho câu hỏi thứ nhất sẽ chẳng khác nào thay bí mật nầy bằng một bí mật khác. Nếu chúng ta đưa Thượng Đế vào trong câu trả lời cho câu hỏi thứ nhất thì sẽ tạo khó khăn thực sự cho câu hỏi thứ hai: Có những ngoại lệ nào không, như phép lạ chẳng hạn?

Platon và Aristote

Những ý kiến liên quan đến câu trả lời cho câu hỏi thứ hai khác biệt nhau rất nhiều. Platon và Aristote, những tác giả cổ Hy Lạp có ảnh hưởng lớn nhất, cho rằng có thể không có ngoại lệ nào cho những định luật. Nhưng nếu người ta theo quan điểm thánh kinh, thì Thượng Đế không những tạo ra luật mà còn có thể được cầu xin để ban bố những ngoại lệ - để chữa lành những bệnh nhân sắp chết, để sớm chấm dứt hạn hán, hay phục hưng lại bóng vồ (croquet) như một môn thể thao Olympic. Để chống lại quan điểm của Descartes, hầu hết những tư tưởng gia Thiên Chúa Giáo cho rằng Thượng Đế phải có khả năng đình chỉ các định luật để thực hiện pháp lạ. Ngay cả Newton cũng tin vào phép lạ theo một dạng nào đó. Ông nghĩ rằng quỹ đạo của những hành tinh có thể không ổn định, vì sức hút của trọng lực giữa các hành tinh sẽ gây ra xáo trộn cho các quỹ đạo; những quỹ đạo nầy lớn theo thời gian và sẽ khiến cho những hành tinh rơi vào mặt trời hoặc bị đẩy ra khỏi Thái Dương Hệ. Ông tin rằng Thượng Đế phải tiếp tục điều chỉnh lại những quỹ đạo, hay "lên dây đồng hồ vì sợ nó ngừng lại".

Chương II: Nguyên Tắc của Định Luật

Laplace

Tuy nhiên, Laplace (1749 - 1827) lý luận rằng những biến động có tính cách giai đoạn, nghĩa là, được đánh dấu bằng những chu kỳ, thay vì tích lũy. Thái Dương Hệ do đó sẽ tự tái điều chỉnh, và sẽ không cần sự can thiệp thiêng liêng nào để giải thích tại sao nó tồn tại cho đến ngày nay.

Chính Laplace là người thường được ghi công là người đầu tiên hệ thống hóa rõ ràng tất định thuyết (determinism): Nếu biết được trạng thái vũ trụ tại một thời điểm, thì một hệ hoàn chỉnh về những định luật sẽ xác định đầy đủ cả tương lai lẫn quá khứ. Điều nầy loại bỏ khả năng phép lạ hay vai trò tích cực của Thượng Đế. Tất định thuyết khoa học mà Laplace đưa ra là câu trả lời của khoa học gia hiện đại cho câu hỏi thứ hai. Đó thực sự là nền tảng cho tất cả khoa học hiện đại, và là một nguyên lý quan trọng xuyên suốt cuốn sách nầy. Một định luật khoa học không phải là một định luật khoa học nếu nó chỉ đúng khi nào một đấng siêu việt nào đó quyết định không can thiệp vào. Vì nhận thấy điều nầy nên người ta kể lại rằng Napoleon đã hỏi Laplace vai trò của Thượng Đế ra sao trong bức tranh nầy. Laplace trả lời: *"Thưa Ngài, tôi không cần giả thuyết đó."*

Vì con người sống trong vũ trụ và đối tác với những vật thể khác trong đó, tất định thuyết khoa học cũng phải đúng cho con người luôn. Tuy nhiên, trong khi chấp nhận rằng tất định thuyết chi phối những tiến trình vật lý, nhưng người tạo ra một ngoại lệ cho hành vi con người, vì họ tin rằng chúng ta có ý chí tự do (free will). Descartes, chẳng hạn, vì muốn bảo tồn ý niệm ý chí tự do đó, đã khẳng định rằng tinh thần con người là một cái gì khác với thế giới vật lý và không đi theo những định luật vật lý.

Theo quan niệm của ông một người gồm có hai thành tố (ingredients), thể xác và linh hồn. Thể xác không gì khác hơn

Chương II: Nguyên Tắc của Định Luật

là những bộ máy, nhưng linh hồn thì không lệ thuộc vào định luật khoa học. Descartes rất quan tâm đến giải phẫu học và triết học và xem một bộ phận nhỏ trong trung tâm não bộ - gọi là tuyến tùng (pineal gland) – như là vị trí chủ yếu của linh hồn. Ông tin rằng tuyến nầy là nơi mà tất cả những tư tưởng của chúng ta được hình thành, nguồn cội của ý chí tự do của chúng ta.

"I think you should be more explicit here in step two."

Con người có ý chí tự do hay không? Nếu chúng ta có ý chí tự do, thì nơi nào trong cây tiến hóa (evolutionary tree) là nơi ý chí đó phát triển?

Những tảo xanh (blue-green algae) và vi khuẩn (bacteria) có ý chí tự do không, hay hành vi của chúng là tự động và thuộc chi phối của các định luật khoa học? Phải chăng chỉ có những sinh vật đa bào (multicelled organisms) hay động vật có vú mới có ý chí tự do? Chúng ta có thể nghĩ rằng một con tinh tinh (chimpanzee) xử dụng ý chí tự do khi quyết định nhai một quả chuối, hay một con mèo khi cào ghế nệm của bạn, nhưng nói sao với con giun đũa (roundworm) mang tên *Caenorhabditis elegans* - một sinh vật đơn giản chỉ gồm có 959 tế bào? Có lẽ nó không bao giờ suy nghĩ, *"Đó là con vi khuẩn rất ngon mà tôi đã ăn ngoài kia"*, tuy nhiên nó cũng có một sở thích nhất định về thực phẩm và sẽ hoặc chấp nhận một bữa ăn dở hoặc đi tìm một món gì khá hơn, tùy theo kinh nghiệm vừa qua. Đó phải chăng là thực thi ý chí tự do?

Sinh học phân tử

Mặc dù chúng ta cảm thấy rằng chúng ta có thể lựa chọn những gì muốn làm, kiến thức của chúng ta về căn bản sinh học phân tử (molecular biology) cho thấy rằng những tiến trình sinh học được chi phối bởi những định luật vật lý và hóa học và như thế được xác định rõ rệt y như những quỹ đạo của các hành tinh. Những thí nghiệm mới đây trong thần kinh học hỗ trợ quan điểm cho rằng chính não bộ vật lý (physical brain) của chúng ta - tuân theo những định luật khoa học - quyết định những hành động của chúng ta, chứ không phải do một động năng nào nằm bên ngoài những định luật đó. Ví dụ, qua nghiên cứu những bệnh nhân được giải phẫu não không gây mê (awake brain surgery) người ta thấy rằng, nếu dùng điện kích thích những vùng thích hợp trong não, người ta có thể tạo ra nơi bệnh nhân ý muốn cử động tay, chân, hay cử động môi và nói chuyện. Thật khó tưởng tượng làm thế nào ý chí tự do có thể hoạt động được nếu hành vi của chúng ta bị định luật vật lý chi phối, do đó dường như chúng ta không gì hơn là những bộ máy sinh học và ý chí tự do chỉ là một ảo tưởng.

Khi nhìn nhận rằng hành vi con người thực ra bị quyết định bởi những định luật vật lý, thì đó cũng dường như hữu lý nếu kết luận rằng kết quả (outcome) được quyết định theo một phương thế quá ư phức tạp và với quá nhiều biến số nên không thể tiên đoán được trong thực tế. Do đó người ta cần phải hiểu trạng thái ban đầu của mỗi phân tử trong số tỉ tỉ phân tử trong cơ thể con người và giải đại khái ngần ấy phương trình. Điều đó sẽ mất vài tỉ năm, một tiến trình quá

Chương II: Nguyên Tắc của Định Luật

chậm làm sao né tránh kịp một cú đấm của đối phương.

Vì không thực tế nếu dùng những định luật vật lý để tiên đoán hành vi của con người, nên chúng ta chấp nhận cái gọi là thuyết hữu hiệu (effective theory). Trong vật lý, *effective theory* là một khung tham chiếu (framework) tạo ra để thiết lập mô hình một số hiện tượng mà không cần mô tả chi tiết tất cả những tiến trình bên dưới. Ví dụ, chúng ta không thể giải chính xác những phương trình chi phối những đối tác của mọi nguyên tử trong cơ thể một người với mọi nguyên tử trong trái đất. Nhưng vì những mục tiêu thực tế, trọng lực giữa một người và trái đất có thể mô tả dựa vào một ít con số, như trọng lượng tổng quát của người đó. Tương tự, chúng ta không thể giải những phương trình đang chi phối hành vi của những nguyên tử và phân tử, nhưng chúng ta đã phát triển được một thuyết hữu hiệu gọi là hóa học cung ứng một giải thích hoàn chỉnh về cách thức những nguyên tử và phân tử hoạt động trong những phản ứng hóa học mà không phải giải thích mọi chi tiết của những phản ứng. Trong trường hợp con người, vì chúng ta không thể giải những phương trình chi phối hành vi của chúng ta, nên chúng ta dùng thuyết hữu hiệu cho rằng con người có ý chí tự do. Việc nghiên cứu về ý chí tự do của chúng ta, và của hành vi phát xuất từ đó, là khoa học tâm lý. Kinh tế học cũng là một thuyết hữu hiệu, dựa trên khái niệm ý chí tự do cộng với giả định cho rằng con người lượng giá những phương thức hành động tương ứng khả thể và chọn lấy phương thức tốt nhất. Thuyết hữu hiệu chỉ thành công vừa phải trong việc tiên đoán hành vi, như chúng ta biết, những quyết định thường không do lý trí hay thường dựa trên một phân tích khiếm khuyết những hậu quả của việc lựa chọn. Đó là lý do thế giới chúng ta hỗn độn như thế.

Định luật định tính

Câu hỏi thứ ba giải quyết thắc mắc phải chăng những định luật chi phối cả vũ trụ lẫn con người là độc nhất. Nếu câu trả lời của bạn cho câu hỏi thứ nhất là Thượng Đế tạo ra luật, thì câu hỏi nầy sẽ hỏi: Thượng Đế có tự do nào trong việc lựa chọn chúng? Cả Aristote và Platon, cũng như Descartes và sau nầy là Einstein, tin rằng những nguyên lý của thiên nhiên có được là do "thiết yếu tính – necessity", nghĩa là, vì đó là những luật duy nhất hợp với luận lý. Do niềm tin của ông vào nguồn gốc của những định luật thiên nhiên trong luận lý, Aristote và những môn đồ của ông cảm thấy rằng người ta có thể diễn dịch những định luật đó mà không cần chú ý nhiều đến làm sao thiên nhiên thực sự hoạt động. Lập trường đó, và sự tập trung vào lý do tại sao những vật thể tuân theo những định luật - thay vì tập trung vào những dị biệt của bản chất các định luật - đã đưa ông đến những định luật chủ yếu định tính (qualitative laws) thường không đúng và trong mọi trường hợp không tỏ ra hữu ích mấy, ngay cả cho dù những luật nầy có chiếm ngự tư duy khoa học trong nhiều thế kỷ. Chỉ mãi về sau những người như Galileo mới dám thách thức uy quyền của Aristote và thấy rằng thiên nhiên thực sự làm những gì nó phải làm, chứ không phải những gì mà "lý trí thuần túy – pure reason" bảo nó phải làm.

Cuốn sách nầy bắt nguồn từ quan niệm tất định thuyết khoa học, hàm ngụ rằng câu trả lời cho câu hỏi thứ hai là không có phép lạ, hay ngoại lệ trong những định luật thiên nhiên. Tuy nhiên, chúng tôi sẽ trở lại để giải quyết chi tiết câu hỏi một và ba, tức những câu hỏi làm thế nào những định luật sinh ra và phải chăng chúng là những định luật khả thể duy nhất hay không. Nhưng trước tiên, trong chương tiếp theo, chúng tôi sẽ giải quyết vấn đề liên quan đến nội dung của những gì mà những định luật thiên nhiên mô tả. Hầu hết các khoa học gia thường nói rằng họ là phản ảnh toán học của một thực tại bên ngoài hiện hữu độc lập với chủ thể quan sát nhìn thấy nó. Nhưng khi suy nghĩ về phương thức theo đó chúng ta quan sát và thiết lập những khái niệm về thế giới chung quanh, chúng ta đụng phải câu hỏi: thực sự chúng ta có lý do để tin rằng một thực tại khách quan có thực hay không?

Chương III
Thực Tại Là Gì?
(What Is Reality?)

Tổng Quát

Một vài năm trước đây, hội đồng thành phố Monza, Ý Đại Lợi, cấm các chủ nuôi thú không được nuôi cá vàng trong những bồn thủy tinh hình cầu. Người chủ xướng nghị quyết nầy giải thích rằng sở dĩ cấm như vậy là vì quá dã man khi giữ một con cá trong một bồn có những thành cong, vì, khi nhìn ra bên ngoài, con cá sẽ có một cái nhìn méo mó về thực tế. Nhưng làm sao chúng ta biết rằng chúng ta có được bức hình trung thực, không bị méo mó về thực tại? Biết đâu chúng ta cũng có thể đang ở trong một bồn nuôi cá lớn nào đó và nhãn quan của chúng ta cũng bị méo mó vì những lăng kính to tướng? Bức hình của con cá vàng về thực tại khác với bức hình của chúng ta, nhưng chúng ta có chắc chắn bức hình đó ít trung thực hơn không? Nhãn quan của cá vàng không giống như nhãn quan của chúng ta, nhưng cá vàng vẫn có thể thiết lập được những định luật khoa học chi phối sự di chuyển của những vật thể mà chúng quan sát bên ngoài bồn. Ví dụ, vì sự dị dạng (distortion), một vật thể di chuyển tự do mà chúng ta thấy di chuyển theo đường thẳng thì cá vàng lại thấy di chuyển theo một đường cong.

Tuy nhiên, cá vàng có thể thiết lập được những định luật khoa học từ khung quy chiếu méo mó luôn luôn đúng và sẽ giúp chúng thực hiện được những tiên đoán liên quan đến sự di chuyển tương lai của những vật thể bên ngoài bồn. Những định luật của chúng có thể phức tạp hơn là những định luật trong khung quy chiếu của chúng ta, nhưng phức tạp hay đơn giản chỉ là vấn đề sở thích mà thôi. Nếu một con cá vàng thiết lập một lý thuyết, chúng ta sẽ phải nhìn nhận quan điểm của con cá vàng như một bức hình giá trị của thực tại.

Một ví dụ nổi tiếng về những bức hình khác nhau về thực tại là mô hình được Ptolemy (85-165) đưa ra vào khoảng năm 150 sau Công Nguyên nhằm mô tả sự di chuyển của những thiên thể. Ptolemy xuất bản tác phẩm của ông trong một bộ sách gồm mười ba cuốn thường được biết đến dưới nhan đề *Almagest*. *Almagest* giải thích những lý do tại sao suy nghĩ rằng trái đất hình cầu, đứng yên tại trung tâm vũ trụ, và vô cùng bé nhỏ so với khoảng cách của vũ trụ. Bất chấp mô hình lấy mặt trời làm trung tâm của Aristarchus, những tin tưởng nầy được các học giả Hy Lạp chấp nhận, ít nhất từ thời Aristote, người tin rằng, vì những lý do bí ẩn, trái đất phải ở tại trung tâm vũ trụ. Theo mô hình của Ptolemy, trái đất đứng yên tại trung tâm và những hành tinh và tinh tú di chuyển chung quanh nó theo những quỹ đạo phức tạp bao gồm những vòng ngoại luân (epicycles), giống như những bánh xe đặt trên những bánh xe.

Kiến Thức Âu châu

Mô hình nầy có vẻ tự nhiên vì chúng ta không cảm thấy trái đất dưới chân di chuyển (ngoại trừ động đất hay xúc cảm dữ dội). Kiến thức Âu Châu sau nầy được dựa trên nguồn gốc Hy Lạp truyền xuống, cho nên những tư tưởng của Aristote và Ptolemy trở nên nền tảng cho phần lớn tư tưởng Tây Phương. Mô hình Ptolemy về vũ trụ được giáo hội Thiên Chúa Giáo chấp nhận và được xem như tín điều chính thức trong mười bốn thế kỷ. Mãi đến năm 1543 một mô hình thay thế mới được Copernic đưa ra trong cuốn *Derevolutionibus orbium coelestium* (Những Di Chuyển của các Thiên Thể), chỉ được xuất bản vào năm ông chết (mặc dù ông đã nghiên cứu trên lý thuyết của ông từ vài thập niên trước đó).

Chương III: Thực Tại Là Gì

The Ptolemaic Universe In Ptolemy's view, we lived at the center of the universe.

Copernic, cũng như Aristarchus thế kỷ trước, mô tả một thế giới trong đó mặt trời đứng yên và những hành tinh quay chung quang theo những quỹ đạo. Mặc dù tư tưởng đó không mới, nhưng khi phục hưng nó trở lại thì gặp phải chống đối kịch liệt. Mô hình Copernic bị cho là mâu thuẫn với Kinh Thánh, được diễn tả như cho rằng những hành tinh quay chung quanh trái đất, mặc dù Kinh Thánh không bao giờ nói rõ điều nầy. Thực tế, vào thời kỳ Kinh Thánh được viết ra, người ta tin rằng trái đất là phẳng. Mô hình Copernic đưa tới một cuộc tranh luận sôi nổi liên quan đến câu hỏi liệu trái đất có ở yên một chỗ hay không, một tranh luận đã khiến Galileo bị xử về tội tà đạo vì chủ xướng mô hình Copernic, và nghĩ rằng *"người ta được phép tin tưởng và coi là khả thể*

Chương III: Thực Tại Là Gì

một ý kiến sau khi ý kiến đó đã bị tuyên bố và khẳng định là trái với Kinh Thánh." Ông bị xem là có tội, bị quản thúc tại gia suốt đời, và bị buộc phải đảo ngược quan điểm (recant). Người ta nói ông đã nói thầm trong miệng "*Eppur si muove – Nhưng nó vẫn di chuyển*". Đến năm 1992, cuối cùng Giáo Hội La Mã đã thừa nhận kết tội Galileo là sai.

Như vậy hệ thống nào là thực, hệ Ptolemy hay hệ Copernic? Mặc dù không phải là điều bất thường khi người ta nói rằng Copernic được chứng minh là sai, nghĩa là không thực. Như trong trường hợp quan điểm bình thường của chúng ta so với quan điểm của những con cá vàng, người ta có thể dùng bức hình nào cũng được như một mô hình của vũ trụ, vì những quan sát của chúng ta về vũ trụ có thể được giải thích bằng cách giả định rằng hoặc trái đất đứng yên hoặc mặt trời đứng yên. Bất luận vai trò của nó ra sao trong những tranh luận triết học về bản chất của vũ trụ, lợi thế thực sự của hệ thống Copernic chỉ đơn thuần là những phương trình về chuyển động đơn giản hơn nhiều trong khung quy chiếu trong đó mặt trời đứng yên một chỗ. Một loại thực tại tương ứng khác xuất hiện trong phim giả tưởng khoa học *The Matrix*, trong đó loài người không biết mình đang sống trong một thực tại tiềm ẩn được mô phỏng (simulated virtual reality) do những máy vi tính tinh khôn tạo ra nhằm giữ cho họ được yên tâm và bằng lòng trong khi những máy vi tính hút đi năng lượng sinh điện (bioelectrical energy – không cần biết đó là thứ gì). Có lẽ đây không phải là chuyện khó tin lắm, bởi vì nhiều người thích tiêu khiển thì giờ của mình trong thực tại giả tưởng trên những trang web như *Second Life*. Làm sao chúng ta biết mình không phải chỉ là những nhân vật trong các phim kịch trên TV? Nếu chúng ta sống trong một thế giới tưởng tượng tổng hợp (synthetic imaginary world), những biến cố sẽ dứt khoát có một luận lý hay mạch lạc hoặc tuân theo mọi định luật. Những người hành tinh điều khiển có thể sẽ thấy hấp dẫn và thích thú hơn khi thấy những phản ứng của chúng ta, chẳng hạn, nếu mặt trăng chẻ ra làm đôi, hay mọi người trên thế giới ăn kiêng thấy thèm bánh kem chuối. Nhưng nếu những người hành tinh bắt tuân theo những luật lệ mạch lạc thì không có cách gì chúng ta có thể nói đó là một thực tại khác nằm phía sau thực tại giả tưởng. Sẽ dễ dàng gọi thế giới mà những người hành tinh sống là thế giới thật và thế giới tổng hợp là một thế giới "giả". Nhưng nếu – như chúng ta – những sinh vật trong thế giới mô phỏng không thể nhìn vào vũ trụ từ bên ngoài, thì không có lý do gì khiến họ nghi ngờ những bức hình của chính họ về thực tại. Đây là một phiên bản hiện đại của tư tưởng cho rằng tất cả chúng ta là những mảnh vụn thuộc giấc mơ của một người khác.

Thuyết Thực Tại

Những ví dụ nầy đưa chúng ta đến một kết luận sẽ thấy là quan trọng trong cuốn sách nầy: *Không có khái niệm nào về*

Chương III: Thực Tại Là Gì

thực tại độc lập với bức hình hay với lý thuyết (There is no picture- or theory-independent concept of reality). Ngược lại chúng ta sẽ chấp nhận một quan điểm mà chúng ta sẽ gọi là *model-dependent realism* (thuyết thực tại dựa vào mô hình: tư tưởng cho rằng một lý thuyết hay một bức hình về thế giới là một mô hình (thường mang tính chất toán học) và một hệ những nguyên lý nối kết những yếu tố của mô hình với quan sát. Điều nầy cung ứng một khung quy chiếu nhờ vào đó để diễn tả khoa học hiện đại.

Các triết gia từ Platon trở về sau tranh luận qua nhiều năm về bản chất của thực tại. Khoa học cổ điển được xây dựng trên niềm tin có một thế giới thực bên ngoài mà những thuộc tính là rõ ràng và độc lập với người quan sát chúng. Theo khoa học cổ điển, một số vật thể hiện hữu và có những thuộc tính, như vận tốc và trọng khối, có những trị số xác định. Trong quan điểm nầy những lý thuyết của chúng ta là những nỗ lực nhằm mô tả những vật thể đó và mô tả những thuộc tính của chúng, và những đo lường và tri giác của chúng ta tương ứng với chúng.

Cả chủ thể quan sát và đối tượng được quan sát đều là những thành phần của một thế giới có một hiện hữu khách quan, và mọi phân biệt giữa chúng đều không có ý nghĩa. Nói cách khác, nếu bạn thấy một bầy ngựa vằn đánh nhau để dành một chỗ trong bãi đậu xe, thì đó là vì thực sự có một bầy ngựa vằn đánh nhau để dành một chỗ trong bãi đậu xe. Tất cả những người quan sát khác nhìn vào sẽ ghi nhận những thuộc tính như vậy, và bầy ngựa vằn sẽ có những thuộc tính đó dù ai có thấy hay không thấy chúng. Trong triết học, niềm tin đó được gọi là thuyết thực tại (realism).

Thuyết thực tại có thể là một quan điểm hấp dẫn, như chúng ta thấy sau nầy, những gì chúng ta biết liên quan đến vật lý hiện đại cho thấy nó khó đứng vững. Ví dụ, theo những nguyên tắc của vật lý *quantum*, được xem là một mô tả chính xác về thiên nhiên, một đơn tử không có một vị trí hay phương tốc nhất định, ngoại trừ, và cho đến khi, những thuộc tính đó được đo lường bởi một quan sát viên. Do đó, không đúng nếu nói rằng một đo lường cho ra một kết quả nào đó bởi vì con số được đo lường có trị số đó tại thời điểm được đo. Thực tế, trong một số trường hợp những vật thể đơn lẻ không có ngay cả một hiện hữu độc lập mà ngược lại chỉ hiện hữu như một thành phần của một tập hợp nhiều vật thể. Và nếu một lý thuyết được gọi là nguyên lý phóng ảnh ba chiều (holographic principle) là đúng thì chúng ta và thế giới bốn chiều của chúng ta có thể là những cái bóng trên biên giới của không-thời-gian năm chiều lớn hơn. Trong trường hợp đó, tư thế của chúng ta trong vũ trụ tương tự như tư thế của những con cá vàng.

Khi thấy có bằng chứng là những lý thuyết khoa học biểu tượng cho thực tại, những người theo thuyết thực tại đúng nghĩa thường lý luận rằng bằng chứng đó chứng minh sự thành công của họ. Nhưng những lý thuyết khác có thể mô tả một cách thành công những hiện tượng tương tự qua những khung khái niệm khác hẳn. Thực ra, những lý thuyết khoa học trước kia được chứng minh là thành công sau đó lại bị thay thế bởi những lý thuyết khác cũng thành công không kém dựa trên những quan niệm hoàn toàn mới về thực tại.

Thuyết Phản Thực Tại

Theo truyền thống, những ai không chấp nhận thuyết thực tại đều được gọi là những người theo thuyết phản thực tại (anti-realists). Những người nầy giả đoán có một phân định giữa kiến thức duy nghiệm (empirical) và kiến thức lý thuyết. Họ đại để lý luận rằng quan sát và thực nghiệm là có ý nghĩa nhưng những lý thuyết đó không gì hơn là những công cụ hữu ích không chứa đựng chân lý sâu xa nào hơn bên dưới những hiện tượng được quan sát. Một số người theo thuyết phản thực tại còn muốn giới hạn khoa học vào những sự vật có thể quan sát được. Vì lý do đó, nhiều người trong thế kỷ mười chín bác bỏ quan niệm về nguyên tử với lý do là chúng ta sẽ không bao giờ thấy được một nguyên tử. George Berley (1685-1753) còn đi xa hơn và nói rằng không có cái gì hiện hữu ngoại trừ tinh thần và những ý tưởng của nó mà thôi. Khi một người bạn lưu ý Dr. Samuel Johnson (1709-1784), nhà văn và biên soạn từ điển, rằng tuyên bố của Berkeley không thể nào bị bác bỏ, Johnson được nói đã trả lời bằng cách bước đến một tảng đá, đá vào nó, và tuyên bố, "Tôi bác bỏ nó như thế đó." Đương nhiên sự đau đớn của Johnson ở bàn chân cũng là một ý tưởng trong đầu ông, cho nên ông không thực sự bác bỏ những tư tưởng của Berkeley. Nhưng hành động của ông minh họa quan điểm của triết gia David Hume (1711-1776), người đã viết rằng, "mặc dù chúng ta không có cơ sở để tin có một thực tại khách quan, chúng ta cũng không có lựa chọn nào khác là hành động y như nó là thật vậy."

Thuyết *model-dependent realism* (thực tại theo mô hình) bỏ qua tất cả lý luận và tranh cãi nầy giữa những trường phái tư tưởng theo và chống thuyết *realism* (thuyết thực tại). Theo thuyết *model-dependent realism,* quả vô nghĩa nếu hỏi một mô hình là thực hay không, mà chỉ hỏi nó có phù hợp với quan sát hay không. Nếu có hai mô hình đều ăn khớp với quan sát, như bức hình của cá vàng và bức hình của chúng ta, thì người ta không thể nói rằng mô hình nầy thực hơn mô hình kia. Người ta có thể dùng bất kỳ mô hình nào thuận tiện hơn trong hoàn cảnh đang xem xét. Ví dụ, nếu người ta ở bên trong bồn cá, thì bức hình của cá vàng sẽ bổ ích, nhưng đối với những người bên ngoài, quả là vụng về nếu phải mô tả những biến cố từ một thiên hà xa xôi trong khung quy chiếu của một bồn cá trên trái đất, bởi vì bồn sẽ di chuyển khi trái đất quay chung quanh mặt trời và quanh trục của chính nó.

Chúng ta thực hiện mô hình trong khoa học, nhưng chúng ta

Chương III: Thực Tại Là Gì

cũng thực hiện chúng trong đời sống hằng ngày. Thuyết thực tại theo mô hình áp dụng không những cho những mô hình khoa học mà còn cho những mô hình tinh thần thuộc ý thức và tiềm thức mà tất cả chúng ta tạo ra nhằm diễn đạt và hiểu thế giới hằng ngày. Không có cách nào bứng người quan sát – tức chúng ta – ra khỏi tri giác của chúng ta về thế giới, cái thế giới được tạo nên qua hoạt trình giác quan của chúng ta và qua phương thức mà chúng ta suy nghĩ và lý luận. Tri giác của chúng ta – và do đó những quan sát của chúng mà những lý thuyết của chúng ta dựa vào để thiết lập – không phải trực tiếp, nhưng đúng hơn được rập khuôn theo một loại lăng kính, cấu trúc diễn dịch trong não bộ của chúng ta.

Thuyết thực tại theo mô hình tương ứng với cách thức mà chúng ta tri giác sự vật. Những tín hiệu đó không thiết lập loại hình ảnh mà bạn có thể chấp nhận trên màn truyền hình của bạn. Có một điểm mù (blind spot) nơi đó thần kinh thị giác dính liền với võng mạc, và phần duy nhất của thị trường (field of vision) của bạn có độ rõ tốt (good resolution) là một khu vực hẹp có góc nhìn khoảng một độ chung quanh trung tâm võng mạc, một khu vực có bề ngang bằng ngón tay cái của bạn khi đưa thẳng tay ra. Và như thế, những dữ kiện sống được gởi tới não sẽ giống như một bức hình có phẩm chất xấu với một lỗ trong đó. May thay, não bộ con người xử lý những dữ kiện đó, phối hợp nguồn vào từ hai mắt, lấp đầy những chỗ trống với giả định là những thuộc tính thị giác của những vùng chung quanh là tương tự và cứ thế suy diễn ra. Hơn nữa, não bộ đọc đội hình dữ kiện hai chiều (two-dimensional array of data) từ võng mạc và từ đó tạo ra cảm tưởng của không gian ba chiều. Nói cách khác, não bộ xây dựng một bức hình tri thức hay mô hình.

Não bộ rất hữu hiệu trong việc thiết lập mô hình nên nếu con người được trang bị một cặp mắt kiếng có khả năng đảo ngược đầu bức hình trong mắt thì sau một thời gian, não sẽ thay đổi mô hình sao cho nó lại thấy sự vật theo đúng chiều của chúng. Nếu cặp kiếng được lấy đi, não sẽ thấy hình ngược một lúc, sau đó điều chỉnh trở lại. Điều nầy chứng tỏ rằng những gì người ta muốn nói khi phát biểu, "Tôi thấy một cái ghế" chỉ là có nghĩa là người ta đã dùng ánh sáng do cái ghế phản chiếu để xây dựng một mô hình tinh thần hay một mô hình về cái ghế. Nếu mô hình lật ngược thì não có cơ may điều chỉnh nó lại trước khi người ta ngồi xuống.

Một vấn đề khác mà thuyết thực tại theo mô hình giải quyết, hay ít ra tránh được, là ý nghĩa của hiện hữu. Làm thế nào tôi biết được rằng một cái bàn vẫn hiện hữu khi tôi ra khỏi phòng và không thể thấy nó? Khi nói những sự vật mà chúng ta không thể thấy, như *electrons* hay *quarks* – tức những đơn tử được nói là tạo ra *proton* và *neutron* – hiện hữu, người ta muốn nói cái gì?

Người ta có thể có một mô hình trong đó cái bàn biến mất khi tôi rời phòng và xuất hiện trở lại tại cùng vị trí khi tôi trở lại, nhưng điều đó nghe chướng tai, và nói sao đây nếu một cái gì xảy ra khi tôi ở ngoài, như trần nhà bị sập chẳng hạn? Với mô hình cái-bàn-biến-mất-khi-tôi-rời-phòng, làm sao tôi có thể giải thích sự kiện là lần tới khi tôi đi vào, và thấy cái bàn bị gãy, vì bị trần nhà sập đè? Cái mô hình trong đó cái bàn còn nguyên vẹn thì đơn giản hơn nhiều và phù hợp với quan sát. Đó là tất cả những gì người ta có thể hỏi.

Những đơn tử thứ nguyên tử

Trong trường hợp những đơn tử thứ nguyên tử (subatomic particles) mà chúng ta không thể thấy, *electrons* là một mô hình hữu ích giải thích những quan sát như hướng trình (tracks) đơn tử di chuyển trong một ống nghiệm đơn tử (cloud chamber) và những đóm ánh sáng trong một ống truyền hình (television tube), cũng như nhiều hiện tượng

Chương III: Thực Tại Là Gì

khác. Người ta nói rằng *electron* được vật lý gia người Anh J.J. Thomson khám phá vào năm 1897 trong phòng thí nghiệm Cavendish của Đại Học Cambridge. Ông thí nghiệm với những dòng điện bên trong những ống thủy tinh trống, một hiện tượng được biết như những tia *cathode*. Những thí nghiệm của ông đưa ông đến kết luận liều lĩnh cho rằng những tia bí mật được tạo thành bởi những "tiểu thể - corpuscles", hay những thành tố vật chất của nguyên tử; những thành tố sau đó được nghĩ là những đơn vị vật chất căn bản bất khả phân. Thomson không "thấy" một *electron*, và giả đoán của ông cũng không trực tiếp hay nhất quán chứng minh bằng thí nghiệm. Nhưng mô hình đó được chứng minh là quan yếu trong những ứng dụng từ khoa học căn bản đến công nghệ, và ngày nay tất cả những vật lý gia đều tin vào *electrons*, cho dù bạn không thể thấy chúng.

Quarks (vi lượng), mà chúng ta cũng không thấy, là một mô hình để giải thích những thuộc tính của *protons* và *neutrons* trong nhân nguyên tử. Mặc dù *protons* và *neutrons* được nói là do *quarks* mà ra, chúng ta không bao giờ thấy một *quark*, vì lực buộc giữa những *quarks* gia tăng khi tách ra, và do đó *quarks* không thể tồn tại đơn độc tự do trong thiên nhiên. Ngược lại, chúng luôn luôn xảy ra theo từng nhóm ba cái (với *protons* và *neutrons*), hay từng cặp *quark-antiquark*, và hoạt động y như chúng được buộc chung lại bằng những dây thun.

Chương III: Thực Tại Là Gì

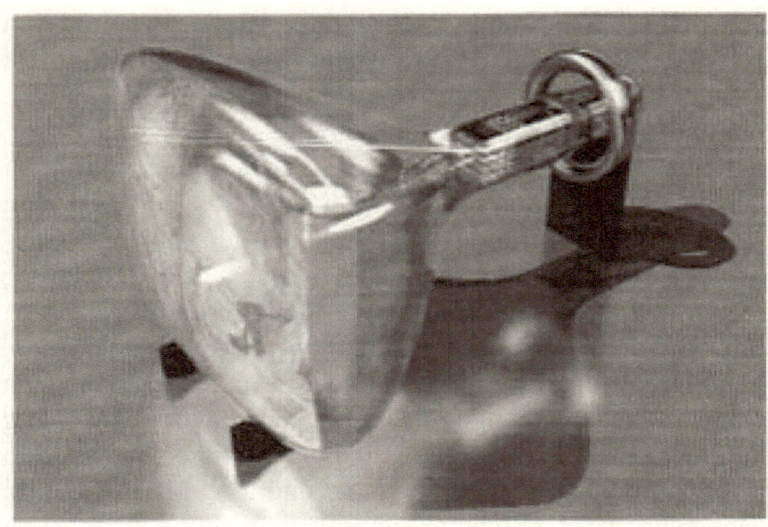

Cathode Rays We can't see individual electrons, but we can see effects they produce.

Nếu không bao giờ có thể tách riêng *quark* ra được thì câu hỏi liệu được phép nói rằng *quarks* thực sự hiện hữu là một vấn đề gây tranh cãi trong những năm sau khi mô hình *quark* lần đầu tiên được đề nghị. Tư tưởng cho rằng một số đơn tử được tạo thành bởi những phối hợp khác nhau của một ít đơn tử thứ nguyên tử đã cung ứng một nguyên tắc tổ chức (organizing principle) cho ra một giải thích đơn giản và hấp dẫn liên quan đến những thuộc tính của chúng. Nhưng mặc dù các vật lý gia quen chấp nhận những đơn tử chỉ được suy diễn là hiện hữu từ những con số thống kê dữ kiện liên quan đến tách những đơn tử khác, tư tưởng muốn gán thực tại cho một đơn tử trên nguyên tắc có thể là không quan sát được là một việc làm quá đáng đối với nhiều vật lý gia. Tuy nhiên, qua nhiều năm, trong khi mô hình *quark* đưa đến những tiên đoán càng ngày càng đúng, sự phản đối đó phai nhạt đi. Chắc chắn có thể là một số người hành tinh có bảy tay, có mắt hồng ngoại, và có thói quen ném ráy tai sẽ thực hiện những quan sát thực nghiệm giống như chúng ta làm, nhưng họ mô

Chương III: Thực Tại Là Gì

tả chúng không cần *quarks*. Tuy nhiên, theo thuyết thực tại theo mô hình, *quarks* hiện hữu trong một mô hình phù hợp với những quan sát của chúng ta liên quan đến phương thức hành xử của những đơn tử thứ nguyên tử.

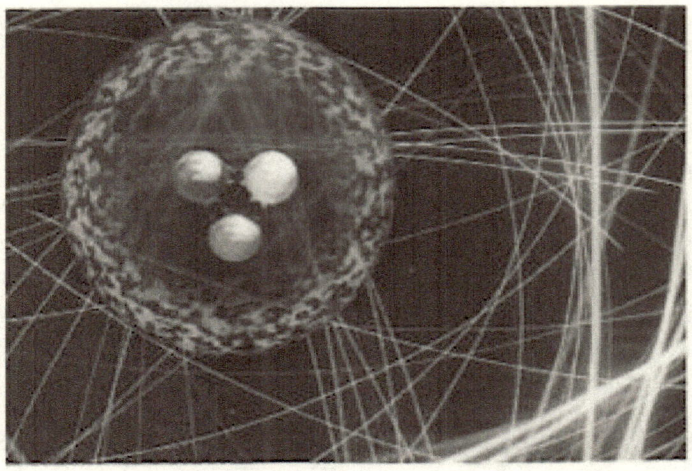

Quarks The concept of quarks is a vital element of our theories of fundamental physics even though individual quarks cannot be observed.

Thuyết thực tại theo mô hình có thể cung ứng một khung quy chiếu để bàn về những câu hỏi như: Nếu thế giới được tạo nên một thời gian nhất định trước đây, thì những gì đã xảy ra? St. Augustine (354-430), một triết gia Thiên Chúa Giáo, nói rằng câu hỏi không phải là Thượng Đế bày ra địa ngục dành cho những ai hỏi những câu hỏi như thế, nhưng là thời gian đó là một thuộc tính của thế giới mà Thượng Đế đã tạo ra và thời gian đó không hiện hữu trước sáng thế, biến cố được ông tin đã xảy ra không xa đến như thế.

Sáng Thế Ký

Chương III: Thực Tại Là Gì

Đó là một mô hình khả thể, được ủng hộ bởi những người cho rằng phiên bản trong Sáng Thế Ký (Genesis) là đúng hoàn toàn mặc dù thế giới chứa hóa thạch (fossil) và những bằng chứng khác cho thấy rằng thời gian đó có trước đó nhiều. (Phải chăng những thứ đó được bày ra để gạt gẩm chúng ta?) Người ta cũng có thể có một mô hình khác, trong đó thời gian tiếp tục trước đây 13.7 tỉ năm ở thời kỳ *Big Bang*. Mô hình giải thích nhiều nhất về những quan sát của chúng ta hiện nay, bao gồm bằng chứng lịch sử và địa chất học, là biểu thị tốt nhất mà chúng ta có được về quá khứ. Mô hình thứ hai có thể giải thích hóa thạch và những hồ sơ về phóng xạ và sự kiện chúng ta nhận ánh sáng từ những thiên hà cách chúng ta hàng triệu năm ánh sáng, và do đó mô hình nầy – lý thuyết *big bang* – hữu ích hơn mô hình thứ nhất. Nhưng không có mô hình nào có thể được coi là thực hơn mô hình kia.

Một số người hỗ trợ một mô hình trong đó thời gian đi ngược về xa hơn *big bang*, Đó vẫn chưa rõ một mô hình trong đó thời gian tiếp tục từ trước *big bang* có phải tốt hơn trong việc giải thích những quan sát hiện nay của chúng ta bởi vì hình như những định luật tiến hóa của vũ trụ có thể sụp đổ ở thời kỳ *big bang*. Nếu chúng sụp đổ thì chẳng có nghĩa gì để tạo một mô hình bao quản thời gian trước *big bang*, vì những gì hiện hữu lúc đó có thể không phải là những hậu quả quan sát được đối với hiện tại, và như thế chúng ta cũng có thể bám vào tư tưởng cho rằng *big bang* là thời sáng thế.

Một mô hình là tốt nếu nó:

- Trang nhã,
- Ít chứa những yếu tố võ đoán hay có thể điều chỉnh,
- Phù hợp với, và giải thích được, mọi quan sát hiện có,
- Thực hiện những tiên đoán chi trết liên quan đến những quan sát tương lai, những quan sát nầy có thể bác bỏ mô hình hay tuyên bố nó sai nếu những tiên đoán đó không

Chương III: Thực Tại Là Gì

xảy ra.
(Is elegant
Contains few arbitrary or adjustable elements
Agrees with and explains all existing observations
Makes detailed predictions about future observations that can disprove or falsify the model if they are not borne out.)

Ví dụ, lý thuyết của Aristote cho rằng thế giới được tạo nên bởi những yếu tố như đất, không khí, lửa, và nước, và cho rằng những vật thể hoạt động để hoàn thành mục tiêu của chúng; lý thuyết đó trang nhã và không chứa đựng những yếu tố có thể điều chỉnh được. Nhưng trong nhiều trường hợp, nó không thực hiện những tiên đoán nhất định, và, khi nó thực hiện, những tiên đoán không luôn luôn phù hợp với quan sát. Một trong những tiên đoán nầy là những vật thể nặng sẽ rơi nhanh hơn vì mục tiêu của chúng là rơi. Dường như không ai nghĩ cần thiết phải thử nghiệm nó cho đến Galileo. Có một câu chuyện kể rằng ông thí nghiệm nó bằng cách buông những quả cân từ Tháp Leaning Tower ở Pisa. Điều nầy có thể là không đúng, nhưng chúng ta biết rằng ông đã lăn những quả cân khác nhau xuống dốc và quan sát thấy rằng tất cả chúng đi theo một vận tốc như nhau, ngược với tiên đoán của Aristote.

Những tiêu chuẩn trên đương nhiên là chủ quan. Sự trang nhã, chẳng hạn, không phải là cái gì dễ dàng đo lường, nhưng nó được đánh giá cao nơi các khoa học gia vì những định luật thiên nhiên được thiết lập để đúc kết một cách kinh tế một số trường hợp vào một công thức. Từ ngữ trang nhã dùng để chỉ hình thức của một lý thuyết, nhưng nó liên hệ mật thiết với sự vắng mặt của những yếu tố điều chỉnh được, vì một lý thuyết tràn ngập bởi những yếu tố vô nghĩa thì không trang nhã mấy. Để diễn đạt lại lời nói của Einstein, một lý thuyết phải đơn giản chừng nào hay chừng đó, nhưng không đơn giản quá mức. Ptolemy đưa những vòng ngoại luân (epicycles) vào những quỹ đạo của những thiên thể để mô hình của ông có thể mô tả chính xác sự luân chuyển của chúng. Mô hình có thể được thực hiện một cách chính xác hơn bằng cách thêm những vòng ngoại luân vào những vòng ngoại luân, hay ngay cả những vòng ngoại luân vào chính những vòng ngoại luân đó. Mặc dù sự phức tạp thêm vào có thể làm cho mô hình chính xác hơn, các khoa học gia xem một mô hình bị bóp méo để thích nghi với một hệ quan sát đặc biệt nào đó là không thỏa đáng, vì đó là một danh mục dữ kiện đúng hơn là một lý thuyết có khả năng bao quản một nguyên lý hữu ích nào. Trong chương 5, chúng ta sẽ thấy rằng nhiều người xem "mô hình tiêu chuẩn – standard model", tức mô hình mô tả những đối tác của những đơn tử thiên nhiên căn bản, là không trang nhã. Mô hình đó thành công hơn nhiều so với những vòng ngoại luân của Ptolemy. Nó tiên đoán sự hiện hữu của một vài đơn tử mới trước khi chúng được quan sát, và mô tả rất chính xác kết quả của nhiều thí nghiệm qua vài thập niên. Nhưng nó chứa đựng hàng chục thông số (parameter) mà những trị số phải được xác định để ăn khớp với quan sát thay vì được xác định bởi chính lý thuyết.

Đối với điều kiện thứ tư, các khoa học gia luôn luôn có ấn tượng khi những tiên đoán bạo dạng và mới được chứng minh lá đúng. Ngược lại, khi một mô hình được thấy là thiếu sót, một phản ứng chung là nói rằng thử nghiệm sai. Nếu điều đó tỏ ra không là thế thì người ta thường không vứt bỏ mô hình nhưng ngược lại cố găng cứu nó bằng những điều chỉnh. Mặc dù các vật lý gia thực sự táo bạo trong những nỗ lực của họ để cứu những lý thuyết mà họ khâm phục, khuynh hướng điều chỉnh một lý thuyết mất dần đến độ những sửa đổi trở nên giả tạo hay rườm rà, và do đó "không trang nhã". Nếu những sửa đổi phải có để phù hợp với những quan sát trở nên lố lăng, đó là dấu hiệu cho thấy phải thực hiện một mô hình mới. Một ví dụ của một mô hình cũ bị sụp đổ dưới sức ép của quan sát là quan niệm của một vũ trụ đứng yên. Trong những năm 1920, đa số vật lý gia tin rằng vũ trụ là

Chương III: Thực Tại Là Gì

đứng yên, hay không thay đổi về kích thước. Sau đó, vào năm 1929, Edwin Hubble công bố những quan sát của ông cho thấy rằng vũ trụ trương nở. Nhưng Hubble không trực tiếp quan sát vũ trụ trương nở. Ông quan sát ánh sáng phát ra từ những thiên hà. Ánh sáng mang theo một chữ ký riêng biệt, hay quang phổ (spectrum), căn cứ trên cấu trúc của mỗi thiên hà, cấu trúc nầy thay đổi theo một trị số nhất định nếu thiên hà di chuyển so với chúng ta. Do đó, qua phân tích quang phổ của những thiên hà ở xa, Hubble có thể xác định được phương tốc của chúng. Ông hy vọng tìm được một số lượng bằng nhau giữa những thiên hà di chuyển ra xa chúng ta và những thiên hà di chuyển lại gần chúng ta.

Refraction Newton's model of light could explain why light bent when it passed from one medium to another, but it could not explain another phenomenon we now call Newton's rings.

Thuyết Tịnh Thế

Thay vì thế, ông thấy rằng gần như mọi thiên hà đều di chuyển ra xa chúng ta, và càng xa thì chúng càng di chuyển nhanh hơn. Hubble kết luận rằng vũ trụ đang bành trướng, nhưng những người khác, vì cố bám lấy mô hình trước kia, nên ra sức giải thích những quan sát của ông trong khuôn khổ vũ trụ đứng yên. Ví dụ, Fritz Zwicky, một vật lý gia của Caltech, cho rằng do một số lý do không rõ nào đó, ánh sáng có thể từ từ mất dần năng lượng khi đi những khoảng cách xa. Hiện tượng giảm năng lượng nầy tương ứng với một thay đổi trong quang phổ của ánh sáng, điều mà Zwicky cho rằng có thể nhái theo quan sát của Hubble. Bao nhiêu thập niên sau Hubble, nhiều khoa học gia tiếp tục bám lấy lý thuyết tịnh thế (steady-static theory). Nhưng mô hình tự nhiên nhất vẫn là mô hình của Hubble, tức mô hình về vũ trụ bành trướng, và nó đã trở thành một mô hình được chấp nhận.

Trong khi nỗ lực tìm ra những định luật chi phối vũ trụ, chúng ta đã đưa ra một số những lý thuyết hay mô hình, như lý thuyết bốn yếu tố, lý thuyết của Ptolemy, thuyết về lửa (phlogiston theory), thuyết *big bang*, và v.v... Với mỗi lý thuyết, hay mô hình, quan niệm của chúng ta về thực tại và những thành tố căn bản của vũ trụ đã thay đổi. Ví dụ, chúng ta thử xem lý thuyết về ánh sáng.

Newton nghĩ rằng ánh sáng tạo ra bởi những đơn tử (particles) hay vi thể (corpuscles). Điều nầy có thể giải thích tại sao ánh sáng đi theo đường thẳng, và Newton cũng dùng thuyết đó để giải thích tại sao ánh sáng bị cong và khúc xạ khi đi qua từ môi trường nầy sang môi trường khác như từ không khí sang thủy tinh hay từ không khí qua nước. Tuy nhiên, thuyết vi thể không thể được dùng để giải thích một hiện tượng mà chính Newton đã quan sát thấy, được biết như là những chiếc vòng Newton (Newton's rings). Thử đặt một lăng kính trên một đĩa phẳng và soi nó bằng ánh sáng một

Chương III: Thực Tại Là Gì

màu, như ánh sáng *sodium*. Khi nhìn xuống từ trên cao, người ta sẽ thấy một chuỗi ánh sáng và những hình vòng đen tập trung tại nơi những lăng kính chạm vào mặt phẳng. Điều nầy sẽ khó giải thích với thuyết đơn tử về ánh sáng, nhưng có thể được giải thích theo thuyết sóng (wave theory).

Thuyết Sóng

Theo thuyết sóng, ánh sáng và những vòng đen là do một hiện tượng gọi là nhiễu xạ (interference). Một sóng, như sóng nước, gồm có một chuỗi những đỉnh sóng và đáy sóng (crest and trough). Khi sóng va chạm nhau, nếu những đáy tương ứng với nhau thì chúng sẽ tăng cường lẫn nhau, cho ra một sóng lớn hơn. Hiện tượng nầy gọi là nhiễu xây (constructive interference). Trong trường hợp đó những sóng được gọi là cùng pha (in *phase*). Ngược lại, khi những sóng gặp nhau, những đỉnh của sóng nầy có thể va chạm với đáy của sóng kia. Trong trường hợp nầy, những sóng triệt tiêu lẫn nhau và được nói là lệch pha (out of *phase*). Tình trạng đó được gọi là nhiễu triệt.

Trong những vòng Newton, những vòng sáng chiếm vị trí tại những khoảng cách từ trung tâm, ở đó những lăng kính và đĩa phản chiếu được phân cách sao cho sóng được phản chiếu từ những lăng kính khác với sóng được phản chiếu lên từ đĩa bằng một số nguyên (1, 2, 3, …) *, tạo ra nhiễu xây. (Một độ dài sóng là khoảng cách giữa một đỉnh hay đáy của một sóng và sóng kế tiếp.) Ngược lại, những vòng đen thì chiếm vị trí tại những khoảng cách từ trung tâm, ở đó sự phân chia giữa hai sóng là một nửa số nguyên (1/2, $1^{1/2}$, $2^{1/2}$) độ dài sóng, tạo ra nhiễu triệt – sóng phản chiếu từ những lăng kính triệt tiêu những sóng phản xạ từ đĩa.

Chương III: Thực Tại Là Gì

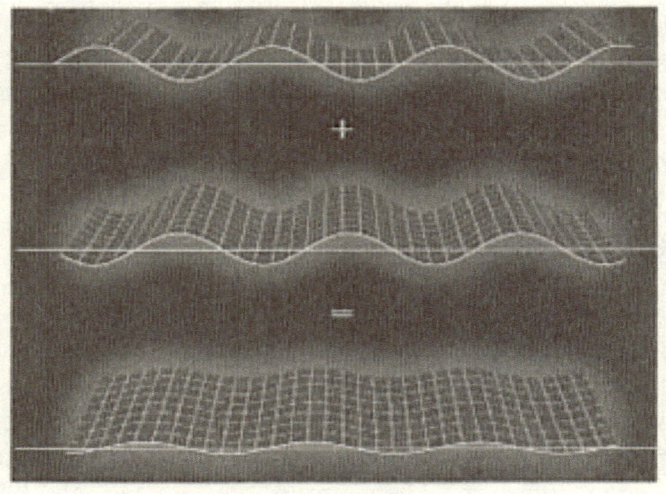

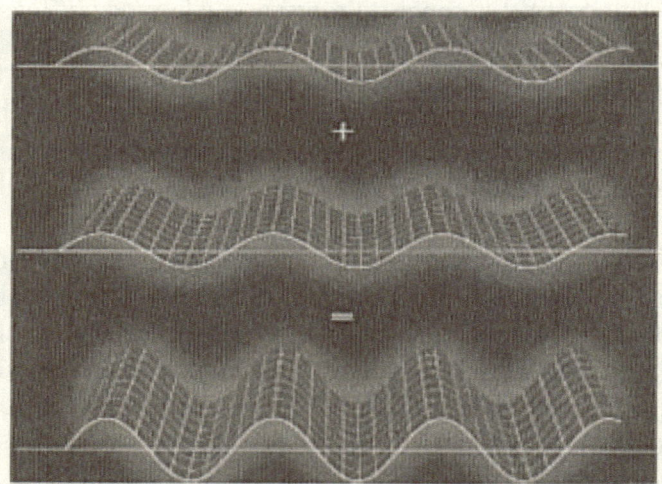

Interference Like people, when waves meet they can tend to either enhance or diminish each other.

Chương III: Thực Tại Là Gì

Trong thế kỷ mười chín, điều nầy được xem như thừa nhận thuyết sóng về ánh sáng và cho thấy rằng thuyết đơn tử là sai. Tuy nhiên, vào đầu thế kỷ hai mươi, Einstein cho thấy rằng hệ quả quang điện (photoelectric effect) – nay được xử dụng trong truyền hình và máy ảnh định số - có thể được giải thích bởi một đơn tử hay *quantum* của ánh sáng chạm vào một nguyên tử và đánh một *electron* ra. Như thế ánh sáng hành xử vừa như một đơn tử vừa như một sóng.

Quan niệm về sóng có lẽ đã đi vào tư tưởng con người vì con người nhìn vào đại dương, hay một vũng nước sau khi một viên sỏi rơi xuống đó. Thực vậy, nếu bạn có lần ném hai viên sỏi xuống một vũng nước, có thể bạn đã thấy nhiều

Puddle Interference The concept of interference shows up in everyday life in bodies of water, from puddles to oceans.

sóng hoạt động ra sao, như trong hình bên trên. Những chất lỏng khác được thấy hoạt động giống vậy, có lẽ ngoại trừ rượu vang nếu bạn đã uống quá nhiều. Quan niệm về đơn tử được làm quen nhờ đá, sỏi, và cát. Nhưng thế song lập sóng/đơn tử nầy – tức quan niệm cho rằng một vật có thể được mô tả hoặc như một đơn tử hoặc như một sóng – thì cũng xa lạ với kinh nghiệm hằng ngày như quan niệm cho rằng bạn có thể uống một cục sa thạch (sandstone).

Thế Song Lập

Những thế song lập như thế (duality) - tức tình trạng trong đó hai lý thuyết rất khác nhau cùng mô tả chính xác những hiện tượng giống nhau – lại phù hợp với thuyết thực tại theo mô hình. Mỗi thuyết có thể mô tả và giải thích một số thuộc tính nào đó, và không một lý thuyết nào có thể nói là tốt hơn hay thực hơn thuyết kia. Đối với những định luật chi phối vũ trụ, điều mà chúng ta có thể nói là thế nầy: Hình như không có một mô hình toán học hay lý thuyết nào có thể mô tả mọi phương diện của vũ trụ. Thay vì thế, như đã đề cập trong chương mở đầu, dường như có hệ thống những lý thuyết mệnh danh là thuyết *M-theory*. Mỗi lý thuyết trong hệ thống *M-theory* có khả năng mô tả những hiện tượng bên trong một phạm vi nào đó.

Khi nào những phạm vi của chúng trùng lắp, những lý thuyết trong hệ thống phù hợp với nhau, như thế tất cả chúng có thể nói là những phần tử của cùng một lý thuyết. Nhưng không có lý thuyết riêng lẻ nào trong hệ thống có thể mô tả mọi phương diện của vũ trụ - tất cả những lực thiên nhiên, những đơn tử nào cảm nhận được những lực đó, và khung không gian và thời gian trong đó vũ trụ vận hành. Mặc dù tình trạng nầy không thỏa mãn được giấc mơ của các vật lý gia cổ truyền liên quan đến một lý thuyết thống nhất duy nhất, nó được chấp nhận trong khuôn khổ thuyết thực tại theo mô hình.

Thuyết M-Theory

Chúng tôi sẽ bàn kỹ hơn về thế song lập và thuyết *M-theory* trong chương 5, nhưng trước khi làm việc đó, chúng ta trở lại nguyên lý căn bản theo đó quan điểm của chúng ta được xây dựng: thuyết *quantum*, và đặc biệt, phương án tiếp cận thuyết *quantum* mệnh danh là những lịch sử tương ứng (alternative histories). Trong quan điểm đó, vũ trụ không có một hiện hữu hay lịch sử duy nhất, nhưng đúng hơn mọi phiên bản khả thể của vũ trụ hiện hữu đồng thời trong cái gọi là *quantum superposition* (tạm dịch là siêu vị lượng tử). Điều đó có thể khó nghe như lý thuyết theo đó cái bàn biến mất bất kỳ lúc nào chúng ta rời phòng, nhưng trong trường hợp nầy, lý thuyết đã thành công mọi thử nghiệm mà nó đã kinh qua.

Chương IV
Hướng Trình Tổng Sóng

(Alternative Histories)

Tổng Quát

Năm 1999, một toán vật lý gia ở Áo bắn một loạt phân tử hình quả bóng (soccer-ball-shaped molecules) vào một vách chắn. Những phân tử nầy, mỗi cái được làm bằng sáu mươi nguyên tử *carbon*, đôi khi được gọi là *buckyballs*, vì kiến trúc sư Buckminster Fuller xây cất những tòa nhà có hình dáng nầy. Những nóc nhà hình cầu của Fuller có lẽ là những vật thể hình cầu lớn nhất hiện nay. Những nguyên tử *buckyballs* là những vật thể hình cầu nhỏ nhất. Vách ngăn

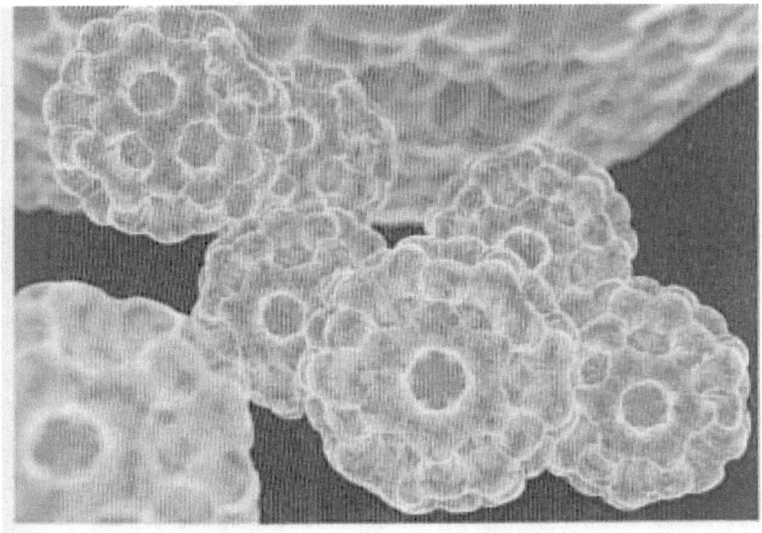

Buckyballs Buckyballs are like microscopic soccer balls made of carbon atoms.

Chương IV: Hướng Trình Tổng Sóng

mà các khoa học gia nhắm vào thực ra là hai khe qua đó những *buckyballs* có thể đi qua. Bên kia vách ngăn, các vật lý gia đặt một màn chắn để thám sát và đếm những phân tử nổi lên.

Nếu chúng ta thiết kế một thí nghiệm tương tự với những quả bóng đá thật, chúng ta sẽ cần một cầu thủ nhắm đích hơi kém một chút nhưng có khả năng đưa bóng đi theo tốc độ do chúng ta chọn. Chúng ta sẽ đặt cầu thủ trước một bức tường trong đó có hai khe hở. Phía bên kia bức tường, và song song với nó, chúng ta dựng một miếng lưới thật dài. Đa số những cú sút đều chạm vào tường và dội ngược trở lại, nhưng một số sẽ đi qua một trong hai khe, và vào lưới. Nếu những khe hơi rộng hơn những quả bóng thì hai loạt bóng rất thẳng hàng sẽ hiện lên phía bên kia. Nếu hai khe rộng hơn thế nữa, mỗi loạt bóng sẽ đi theo rẻ quạt như trong hình thứ nhất.

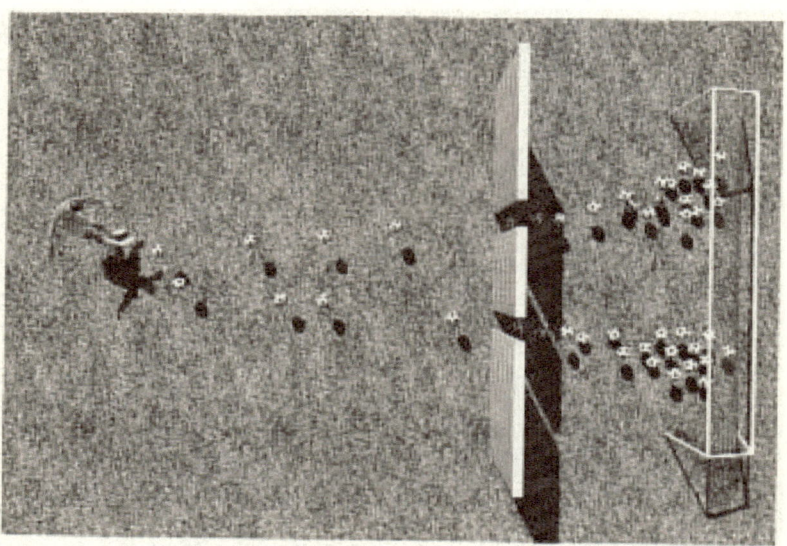

Two-Slit Soccer A soccer player kicking balls at slits in a wall would produce an obvious pattern.

Chương IV: Hướng Trình Tổng Sóng

Xin lưu ý, nếu chúng ta khép một trong hai khe, bóng sẽ không đi qua khe đó nữa, nhưng điều nầy không gây ảnh hưởng gì đến loạt bóng kia. Nếu chúng ta mở lại khe thứ nhì thì chỉ làm tăng số bóng rơi trên bất cứ điểm nào ở phía bên kia, vì như thế chúng ta sẽ có tất cả những số bóng đi qua khe luôn luôn được mở, cộng với số bóng đi qua khe mới vừa mở trở lại. Nói cách khác, những gì chúng ta quan sát khi hai khe đều mở là tổng số của những gì chúng ta quan sát với mỗi khe được mở riêng biệt nhau. Đó là thực tế mà chúng ta thường thấy trong đời sống hằng ngày. Nhưng đó không phải là những gì mà các nhà nghiên cứu tìm thấy khi họ bắn những phân tử đi.

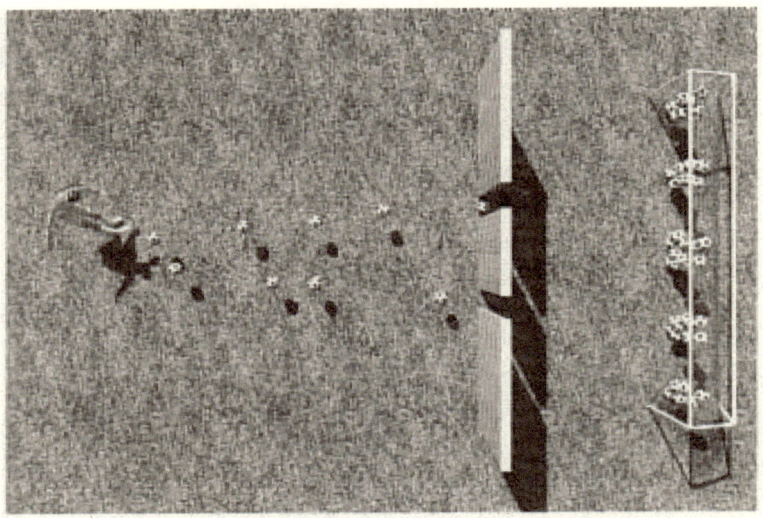

Buckyball Soccer When molecular soccer balls are fired at slits in a screen, the resulting pattern reflects unfamiliar quantum laws.

Trong thí nghiệm ở Áo, mở khe thứ nhì thực ra có làm tăng số phân tử rơi tại một số điểm trên màn chắn – nhưng nó lại giảm số bóng tại một số điểm khác, như hình thứ nhì bên dưới. Thực vậy, có một số điểm ở đó không có bóng nào rơi khi hai khe đều mở nhưng khi chỉ một khe được mở thì lại có bóng rơi. Điều đó có vẻ rất kỳ quặc. Tại sao mở khe thứ nhì lại có thể làm giảm số bóng rơi ở một số điểm?

Chúng ta có thể có một mấu chốt cho câu trả lời bằng cách xem xét những chi tết. Trong cuộc thí nghiệm, nhiều phân tử rơi vào trung tâm nằm giữa hai tụ điểm chính của mỗi khe nếu được mở riêng biệt. Xa ra điểm trung tâm đó một ít thì ít có bóng nào rơi. Nhưng xa hơn nữa lại có bóng. Biểu mẫu nầy không phải là tổng số của những biểu mẫu tạo ra khi mỗi khe được mở riêng biệt, nhưng bạn có thể nhận ra nó từ chương 3 như là biểu mẫu đặc thù của những sóng nhiễu (interference). Những khu vực không có bóng tương ứng với những vùng trong đó sóng phát ra từ hai khe đi lệch pha (out of *phase*), và tạo ra nhiễu triệt (destructive interference). Những khu vực có nhiều phân tử đến tương ứng với những vùng sóng đi cùng pha (in *phase*), và tạo ra nhiễu xây (constructive interference).

Trong khoảng hai ngàn năm đầu của tiến trình khoa học, kinh nghiệm bình thường và trực giác là nền tảng của cho giải thích lý thuyết. Khi chúng ta cãi tiến kỹ thuật và nới rộng tầm hiện tượng có thể quan sát, chúng ta bắt đầu thấy thiên nhiên hành xử càng lúc càng ít phù hợp với kinh nghiệm hằng ngày và với trực giác của chúng ta, bằng chứng là thí nghiệm *buckyballs* vừa nói. Thí nghiệm đó là điển hình của loại hiện tượng không thể giải quyết trong khoa học cổ điển nhưng được mô tả bởi những gì được gọi là vật lý *quantum*. Thực vậy, Richard Feynman viết rằng thí nghiệm hai khe như chúng ta vừa đề cập "chứa đựng tất cả bí mật của cơ học *quantum*."

Chương IV: Hướng Trình Tổng Sóng

Những nguyên tắc của vật lý *quantum* được triển khai trong những thập niên đầu của thế kỷ hai mươi và sau khi người ta thấy lý thuyết Newton không đủ khả năng mô tả thiên nhiên trên bình diện nguyên tử hay thứ nguyên tử (subatomic). Những lý thuyết căn bản của vật lý học mô tả những lực thiên nhiên và cách thức những vật thể phản ứng với chúng. Những lý thuyết cổ điển như thuyết Newton được xây dựng trên một khung quy chiếu phản ảnh kinh nghiệm hằng ngày, trong đó những vật thể có một hiện hữu cá nhân, có thể xác định được tại những vị trí nhất định, tuân theo những hướng trình nhất định, v..v... Vật lý *quantum* cung ứng một khung quy chiếu để hiểu thiên nhiên hoạt động ra sao trên phạm vi nguyên tử và thứ nguyên tử, nhưng như chúng ta sẽ thấy sau nầy, nó đưa ra một biểu mẫu khái niệm hoàn toàn khác, biểu mẫu trong đó vị trí, hướng trình (path), và ngay cả quá khứ và tương lai của nó không được xác định một cách chính xác. Những lý thuyết về những lực như trọng lực hay lực điện từ được xây dựng trên khung quy chiếu đó.

Liệu những lý thuyết được xây dựng trên một khung quy chiếu quá xa lạ với kinh nghiệm hằng ngày cũng có thể giải thích được những biến cố của kinh nghiệm hằng ngày, một kinh nghiệm được tạo dựng theo mô hình của vật lý cổ điển một cách rất chính xác? Có thể, vì chúng ta và những hoàn cảnh chung quanh chúng ta là những cấu trúc tổng hợp (composite structures), được tạo nên bởi một số lớn những nguyên tử, số nguyên tử lớn hơn những tinh tú trong vũ trụ có thể quan sát được. Và mặc dù những nguyên tử cấu thành tuân theo những nguyên lý của vật lý *quantum*, người ta có thể chứng minh rằng những tập hợp lớn lao vốn tạo ra những quả bóng đá, củ cải, và máy bay phản lực – và chúng ta – sẽ có khả năng tránh được nhiễu xạ qua các khe. Như thế cho dù những thành tố của những vật thể hằng ngày tuân theo vật lý *quantum*, các định luật Newton vẫn tạo ra được một lý thuyết hữu hiệu mô tả một cách chính xác lối hành xử của những cấu trúc tổng hợp của thế giới hằng ngày của chúng ta.

Điều đó nghe có vẻ lạ lùng, nhưng có nhiều trường hợp trong khoa học trong đó một tập hợp lớn có vẻ hành xử theo một cung cách khác với cách hành xử của những cấu tố. Những đáp ứng của một sợi thần kinh riêng rẽ khó giúp tiên đoán được những sợi còn lại trong não bộ con người, cũng như biết về một phân tử nước không nói lên gì nhiều liên quan đến hoạt động của cả hồ nước. Trong trường hợp vật lý *quantum*, những vật lý gia còn đang làm việc để xác định ra những chi tiết làm sao những định luật Newton xuất phát từ lĩnh vực *quantum*. Chúng ta chỉ biết rằng những cấu tố của tất cả những vật thể đều tuân theo những định luật của vật lý *quantum*, và những định luật Newton là một ước đoán tốt nhằm mô tả cách hoạt động của những vật thể vĩ mô (macroscopic) được tạo nên từ những cấu tố *quantum*.

Những tiên đoán của Newton do đó phù hợp với quan điểm mới về thực tại mà tất cả chúng ta triển khai khi chúng ta thí nghiệm thế giới chung quanh chúng ta. Nhưng những nguyên tử và phân tử hoạt động theo một cách thức hoàn toàn khác với cách thức của kinh nghiệm hằng ngày. Vật lý *quantum* là một mô hình mới của thực tại giúp chúng ta có được một bức tranh của vũ trụ. Đó là một bức tranh trong đó nhiều quan niệm căn bản liên quan đến kiến thức trực giác của chúng ta về thực tại không còn ý nghĩa nữa.

Thí nghiệm khe đôi lần đầu tiên được thực hiện năm 1927 bởi Clinton Davisson và Lester Germer, những vật lý gia thực nghiệm ở phòng thí nhiệm Bell Labs. Họ nghiên cứu làm thế nào một tia *electrons* – những vật thể đơn giản hơn nhiều so với *buckyballs* – đối tác với một miếng thủy tinh làm bằng *nickel*. Sự kiện những đơn tử vật chất như *electrons* hành xử giống như những sóng nước là điển hình của thí nghiệm đáng ngạc nhiên khiến những vật lý gia *quantum* cảm kích. Vì hành xử nầy không được quan sát trên phạm vi

Chương IV: Hướng Trình Tổng Sóng

vĩ mô, các khoa học gia từ lâu đã thắc mắc làm thế nào một vật phức tạp và to lớn có thể hiện hữu và còn cho thấy những thuộc tính như của sóng. Điều đó sẽ dứt khoát gây ra một chấn động nếu hệ quả có thể được chứng minh là đã dùng con người hay hà mã, nhưng như chúng tôi đã nói, nói chung, vật thể càng lớn thì những hệ quả *quantum* càng ít rõ rệt hay vững chắc. Như thế, khó có chuyện những động vật trong sở thú đi qua những cây thanh chắn của chuồng giống như sóng được. Hơn nữa, các vật lý gia thực nghiệm đã quan sát hiện tượng sóng với những đơn tử có kích thước gia tăng mãi. Các khoa học gia hy vọng một ngày nào đó sẽ lặp lại thí nghiệm *buckyballs* bằng cách sử dụng một vi khuẩn, không

Young's Experiment The buckyball pattern was familiar from the wave theory of light.

những lớn hơn nhiều mà còn được một số người xem như một sinh vật.

Chỉ có một số phương diện của vật lý *quantum* cần biết để hiểu những luận điểm mà chúng tôi sẽ đưa ra trong những chương sau. Một trong những yếu tố then chốt là thế song lập sóng/đơn tử (duality wave/particle). Sự kiện những đơn tử vật chất hoạt động giống như một sóng gây ngạc nhiên cho mọi người. Lối hành xử của ánh sáng giống như sóng không còn làm ai ngạc nhiên nữa. Hành xử của ánh sang giống như sóng dường như tự nhiên đối với chúng ta và đã được xem như một sự kiện đã được chấp nhận từ hầu như hai thế kỷ. Nếu bạn soi một tia sáng lên hai khe trong thí nghiệm trên, thì hai song sẽ nổi lên và gặp nhau trên màn chắn. Tại một số điểm những đỉnh (crest) hay đáy (trough) của chúng sẽ trùng hợp và tạo ra một điểm sáng; tại những điểm khác, những đỉnh của một tia sáng sẽ gặp những đáy của tia kia, triệt tiêu chúng, và để lại một khu vực tối.

Thomas Young, một vật lý gia người Anh, đã thực hiện thí nghiệm nầy vào đầu thế kỷ mười chín, thuyết phục mọi người rằng ánh sáng là một sóng và không phải được tạo thành bởi những đơn tử như Newton đã tin.

Mặc dù người ta có thể kết luận là Newton sai khi nói ánh sáng không phải là một sóng, ông có lý khi nói rằng ánh sáng có thể hành xử như là nó được tạo thành bởi những đơn tử. Ngày nay chúng ta gọi những đơn tử đó là những quang tử (*photons*).   Cũng giống như chúng ta được tạo thành bởi một số lượng lớn nguyên tử, ánh sáng mà chúng ta thấy trong đời sống hằng ngày là tổng hợp (composite) theo nghĩa là nó được tạo nên bởi rất nhiều *photons* – ngay cả một tia sáng một *watt* cũng phát ra một tỉ tỉ *photons* trong một giây. Những *photons* lẻ loi thường không hiển nhiên, nhưng trong phòng thí nghiệm, chúng ta có thể tạo ra một tia sáng rất yếu đến độ chỉ gồm có một tia *photons* lẻ loi mà chúng ta có thể phát hiện như những cá nhân giống như chúng ta có thể phát hiện những *electrons* cá nhân hay *buckyballs*. Và chúng ta có thể lặp lại thí nghiệm của Young xử dụng một tia sáng đủ nhòa để những *photons* đi đến vách chắn từng cái một, cách nhau vài giây. Nếu chúng ta làm thế, và sau đó cộng tất cả

Chương IV: Hướng Trình Tổng Sóng

những điểm đến được ghi nhận trên màn chắn thì chúng ta thấy rằng khi gộp lại chúng tạo nên một biểu mẫu nhiễu sóng (interference pattern) giống như biểu mẫu tạo ra nếu chúng ta thực hiện thí nghiệm của Davisson-Germer nhưng bắn những *electrons* hay *buckyballs* từng cái một. Đối với các vật lý gia, đó là một khám phá đáng ngạc nhiên: Nếu những đơn tử lẻ loi giao nhiễu với chính chúng thì bản chất sóng của ánh sáng là thuộc tính không chỉ của một tia hay một tập hợp những *photons* nhưng còn là của những đơn tử cá nhân.

"If this is correct, then everything we thought was a wave is really a particle, and everything we thought was a particle is really a wave."

Một yếu tố then chốt khác của vật lý *quantum* là nguyên lý bất xác (uncertainty principle), do Werner Heisenberg đưa ra năm 1926. Nguyên lý bất xác nói rằng có những giới hạn

Chương IV: Hướng Trình Tổng Sóng

trong khả năng chúng ta đo lường cùng một lúc một số dữ kiện nào đó, như vị trí và phương tốc (position and velocity) của một đơn tử. Theo nguyên lý bất xác, chẳng hạn, nếu bạn nhân độ bất xác trong vị trí của một đơn tử với độ bất xác trong xung lượng của nó (*momentum* = trọng khối nhân với phương tốc) thì kết quả không bao giờ có thể nhỏ hơn một trị số cố định nào đó, được gọi là hằng số *Planck* (Planck's constant).

Đó là một loại líu lưỡi (tongue-twister), nhưng ý nghĩa của nó không thể trình bày một cách đơn giản được: Đo lường vị trí chính xác chừng nào thì đo lường phương tốc kém chính xác chừng ấy, và ngược lại. Ví dụ, nếu bạn chia đôi độ bất xác trong vị trí, thì bạn phải nhân đôi độ bất xác trong phương tốc. Cũng cần lưu ý rằng, so với những đơn vị đo lường hằng ngày như mét, kilogram, và giây, hằng số *Planck* rất nhỏ. Thực vậy, nếu đo lường theo những đơn vị đó, thì hằng số nầy chỉ có trị số khoảng

6/10,000,000,000,000,000,000,000,000,000,000.

Do đó, nếu muốn xác định một vật thể vĩ mô như một quả bóng, với trọng khối bằng 1/3 kilogram, trong vòng 1 millimét ở bất kỳ phương hướng nào, chúng ta có thể đo phương tốc của nó với một độ chính xác lớn hơn nhiều so với ngay cả một phần tỉ của một phần tỉ của một phần tỉ kilomét giờ. Đó là vì, khi được đo với những đơn vị nầy, quả bóng có trọng khối 1/3, và độ bất xác trong vị trí là 1/1000. Trong hai trị số đo lường đó, không trị số nào đủ để giải thích tất cả những số *zero* trong hằng số *Planck*, và do đó vai trò chuyển sang độ bất xác trong phương tốc. Nhưng trong cùng những đơn vị đo lường đó, một *electron* có trọng khối.00000000000000000000000000001, nên đối với *electrons* tình trạng hoàn toàn khác. Nếu chúng ta đo lường vị trí của một *electron* với một độ chính xác đại khái tương đương với kích thước của một nguyên tử, nguyên lý bất xác

Chương IV: Hướng Trình Tổng Sóng

bảo rằng chúng ta không thể biết được vận tốc của *electron* chính xác hơn khoảng +/-1000 kilomét/giây, nghĩa là không chính xác gì cả.

Theo vật lý *quantum*, không cần biết bao nhiêu thông tin có được và độ hữu hiệu trong đo lường là thế nào, kết quả của những của những tiến trình vật lý không thể được tiên đoán chính xác được vì chúng không được *xác định* một cách chắc chắn. Thay vì thế, với một trạng thái sơ khởi nào đó của một hệ thống, thiên nhiên xác định trạng thái tương lai của nó thông qua một qua trình cơ bản không chắc chắn.

Nói cách khác, thiên nhiên không thiết định kết quả của bất kỳ một tiến trình hay thí nghiệm nào cả, dù là trong những hoàn cảnh đơn giản nhất. Đúng hơn, thiên nhiên cho ra một số những diễn biến khác nhau, mỗi diễn biến với một khả thể được thực hiện nào đó. Nói theo Einstein, đó tựa như thượng Đế thảy những hột xí ngầu trước khi quyết định kết quả của mọi tiến trình vật lý. Tư tưởng đó đã khiến Einstein bực bội, và do đó nếu ngay cả ông là một trong những cha đẻ của vật lý *quantum*, thì sau nầy ông cũng phê phán nó.

Vật lý *quantum* có thể dường như phá hoại tư tưởng cho rằng thiên nhiên được chi phối bởi những định luật, nhưng không phải là thế. Ngược lại, vật lý *quantum* giúp chúng ta chấp nhận một hình thức mới của tất định thuyết: Nếu có một trạng thái của một hệ thống tại một thời điểm nào đó, những định luật thiên nhiên xác định những xác suất (*probabilities*) của những tương lai và quá khứ khác nhau thay vì xác định tương lai và quá khứ một cách chắc chắn. Mặc dù điều đó khó nghe đối với một số người, các khoa học gia phải chấp nhận những lý thuyết phù hợp với thí nghiệm thay vì với những khái niệm tiên niệm (preconceived concepts) của họ. Điều mà các khoa học gia đòi hỏi nơi một lý thuyết là nó phải được thử nghiệm. Nếu bản chất khả thể của những tiên đoán của vật lý *quantum* có nghĩa là không thể xác nhận

Chương IV: Hướng Trình Tổng Sóng

những tiên đoán đó, thì những lý thuyết *quantum* sẽ không được xem là giá trị. Nhưng bất chấp tính khả thể của những tiên đoán của chúng, chúng ta vẫn có thể thí nghiệm những lý thuyết *quantum*. Ví dụ, chúng ta lặp lại một thí nghiệm nhiều lần và công nhận rằng tần số (frequency) của những kết quả khác nhau phù hợp với những khả thể tiên đoán.

Chúng ta thử xem xét thí nghiệm *buckyballs*. Vật lý *quantum* nói với chúng ta rằng không có cái gì được xác định là ở một điểm nhất định vì nếu thế thì độ bất xác trong xung lực sẽ phải vô hạn (infinite). Thực tế, theo vật lý *quantum*, trong một phạm vi nào đó, mỗi đơn tử có một khả thể được tìm thấy bất kỳ nơi nào trong vũ trụ. Cho nên, cho dù những cơ may tìm được một *electron* nào đó bên trong hệ thí nghiệm khe đôi rất cao, thì sẽ luôn luôn có một số cơ may là nó có thể được tìm thấy phía sau của sao Alpha Century, hay trong miếng bánh tại quán cà phê trong sở của bạn. Do đó, nếu bạn đá một bóng *quantum* và để nó bay, thì không tài trí nào cho phép bạn nói trước một cách chính xác nó sẽ rơi ở đâu. Nhưng nếu bạn lặp lại thí nghiệm đó nhiều lần, những dữ kiện mà bạn thu thập được sẽ phản ảnh khả thể tìm quả bóng tại những nơi khác nhau, và những người thí nghiệm đồng ý với những tiên đoán của lý thuyết.

Điều quan trọng là phải nhận thức rằng những khả thể trong vật lý *quantum* không giống như những khả thể trong vật lý Newton, hay trong đời sống hằng ngày. Chúng ta có thể hiểu điều nầy bằng cách so sánh những biểu mẫu được tạo ra bởi loạt bóng *buckyball* liên tục bắn vào màn chắn với biểu mẫu của những lỗ tạo nên bởi những xạ thủ nhắm vào hồng tâm của một tấm bia. Trừ phi những xạ thủ uống bia nhiều quá, những khả thể mà các mũi tên trúng vào hồng tâm là lớn, và giảm dần khi bạn di chuyển ra xa hơn. Tương tự như những bóng *buckyballs,* bất kỳ mũi tên nào cũng có thể rơi ở bất kỳ nơi nào, và theo thời gian, một biểu mẫu của những lỗ phản ảnh những khả thể sẽ hiện ra. Trong đời sống hằng ngày,

Chương IV: Hướng Trình Tổng Sóng

chúng ta có thể phản ảnh tình trạng bằng cách nói rằng một mũi tên có một xác suất nào đó trong việc rơi tại những điểm khác nhau; nhưng nếu chúng ta nói rằng, không như trường hợp của những quả bóng *buckyballs*, đó chỉ vì kiến thức của chúng ta về những điều kiện bắn mũi tên không đầy đủ. Chúng ta có thể cải tiến sự mô tả của chúng ta nếu chúng ta biết chính xác phương pháp theo đó xạ thủ bắn mũi tên đi, như góc, độ xoáy, phương tốc, v..v... Trên nguyên tắc, chúng ta có thể tiên đoán nơi mũi tên rơi một cách chính xác như mong muốn. Do đó, việc sử dụng từ ngữ "khả thể" (probability) để mô tả kết quả của những biến cố trong đời sống hằng ngày là một phản ảnh không phải của bản chất cố hữu (intrinsic nature) của triển trình mà chỉ là sự bất tri (ignorance) của chúng ta về những phương diện nào đó của nó.

Những khả thể trong các lý thuyết *quantum* thì khác. Chúng phản ảnh một sự tùy tiện (randomness) căn bản trong thiên nhiên. Mô hình *quantum* của thiên nhiên bao gồm những nguyên tắc mâu thuẫn không những với kinh nghiệm hằng ngày của chúng ta mà còn với khái niệm trực giác của chúng ta về thực tại. Những người thấy những nguyên lý đó là kỳ quặc hay khó tin là thành viên của một tập hợp tốt gồm những vật lý gia lớn như Einstein và ngay cả Feynman; mô tả vũ trụ của những người nầy sẽ được chúng tôi trình bày sau đây. Thực thế, Feynman từng viết, "tôi nghĩ rằng tôi có thể an tâm nói rằng không ai hiểu được cơ học *quantum*." Nhưng vật lý *quantum* phù hợp với quan sát. Nó đã không bao giờ đánh sai một trắc nghiệm nào cả, và nó đã được thí nghiệm nhiều hơn bất kỳ một lý thuyết nào khác trong khoa học.

Trong thập niên 1940, Richard Feynman đã có một trực giác đáng ngạc nhiên khi nhìn thấy được sự khác biệt giữa *quantum* và những thế giới của Newton. Feynman lúng túng trước câu hỏi làm thế nào biểu mẫu nhiều trong thí nghiệm khe đôi xuất hiện được. Xin nhớ rằng biểu mẫu mà chúng ta tìm được khi chúng ta bắn những phân tử với cả hai khe đều mở không phải là tổng số những biểu mẫu mà chúng ta tìm thấy khi chúng ta cho thí nghiệm chạy hai lần, một với duy nhất một khe mở, và một với duy nhất khe kia được mở.

Ngược lại, khi cả hai khe đều mở chúng ta thấy một loạt sọc sáng và sọc tối, những sọc tối nằm trong những vùng trong đó không có đơn tử nào rơi vào. Điều đó có nghĩa là những đơn tử nào có thể rơi trong khu vực của loạt tối nếu chỉ có khe một mở thôi thì không rơi ở đó khi khe hai cũng mở. Điều đó nghe giống như, tại một nơi nào đó trong cuộc hành trình từ nguồn đến màn chắn, những đơn tử đòi hỏi thông tin liên quan đến cả hai khe. Hình thức hành xử đó hoàn toàn khác với cách thức mà những sự vật dường như hành xử trong đời sống hằng ngày, trong đó một quả bóng thường đi theo một hướng trình xuyên qua một trong hai khe và không bị tác động bởi tình trạng tại khe kia.

Theo vật lý Newton – và theo cách thức mà cuộc thí nghiệm diễn tiến nếu chúng ta thực hiện nó với những quả bóng thay vì những phân tử - mỗi đơn tử đi theo một đường duy nhất được xác định rõ ràng từ nguồn đế màn chắn. Không có dấu hiệu nào trong bức tranh đó cho thấy một đường vòng theo đó đơn tử viếng khe lân cận dọc đường đi. Tuy nhiên, theo mô hình *quantum*, đơn tử được nói là không có vị trí nhất định trong thời gian nó ở giữa điểm khởi đầu và điểm chấm dứt. Feynman nhận thấy rằng người ta không phải trình bày như thế để muốn nói rằng những đơn tử không đi theo lộ trình như chúng di chuyển giữa nguồn và đích. Ngược lại, đều đó có nghĩa là những đơn tử đi theo mọi hướng trình có thể có nằm giữa hai điểm. Feynman khẳng định rằng đây là những gì khiến vật lý *quantum* khác với vật lý Newton. Tình trạng tại hai khe quan trọng vì, thay vì đi theo một hướng trình duy nhất, những đơn tử đi theo mọi hướng trình, và đi theo chúng cùng một lúc! Điều đó nghe như khoa học giả

Chương IV: Hướng Trình Tổng Sóng

tưởng, nhưng không phải thế. Feynman đưa ra một biểu thức toán học (mathematical expression) – *Feynman sum over histories* (hướng trình tổng sóng) – để phản ảnh điều nầy và đưa ra tất cả những định luật của vật lý *quantum*. Trong lý thuyết của Feynman, bức tranh toán học và bức tranh vật lý khác với bức tranh của biểu thức ban sơ trong vật lý *quantum*, nhưng những tiên đoán thì giống nhau.

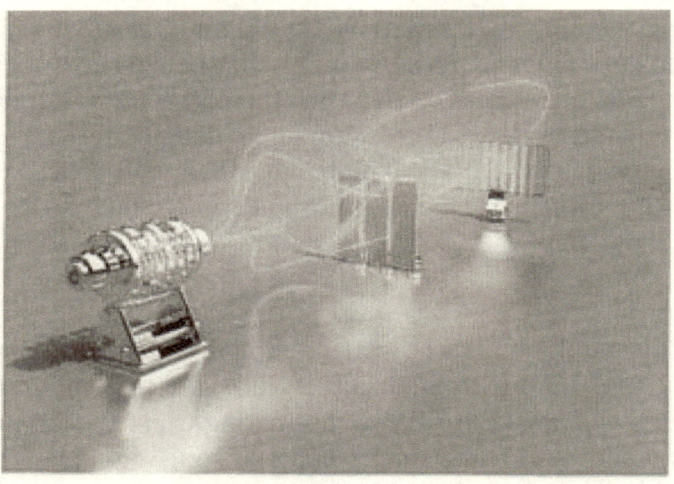

Particle Paths Feynman's formulation of quantum theory provides a picture of why particles such as buckyballs and electrons form interference patterns when they are shot through slits in a screen.

Trong thí nghiệm khe đôi, Feynman muốn nói những đơn tử đi theo những hướng trình chỉ xuyên qua duy nhất một trong hai khe; những hướng trình đi qua khe thứ nhất, trở ra đi theo khe thứ hai, và sau đó đi qua khe thứ nhất một lần nữa; những hướng trình đi đến nhà hàng có dọn món cà ri tôm nổi tiếng, và sau đó đi vòng Jupiter một thời gian trước khi về nhà; ngay cả những hướng trình đi qua vũ trụ và trở về. Trong quan niệm của Feynman, điều nầy giải thích tại sao đơn tử có được thông tin khe nào được mở - nếu một khi được mở, đơn tử chuyển hướng của nó qua đó. Khi cả hai khe đều mở, những hướng trình trong đó đơn tử đi qua một khe có thể

Chương IV: Hướng Trình Tổng Sóng

nhiễu động với những hướng trình trong đó nó đi qua khe kia, gây nên nhiễu. Điều đó có thể nghe hơi lạ, nhưng đối với những mục tiêu của hầu hết vật lý căn bản được thực hiện ngày nay – và đối với những mục tiêu của cuốn sách nầy – công thức của Feynman đã tỏ ra hữu ích hơn một công thức cũ.

Quan điểm của Feynman về thực tại *quantum* rất quan trọng trong việc tìm hiểu những lý thuyết mà chúng tôi sắp sửa trình bày, cho nên cần bỏ ra một ít thời gian để có được một cảm giác quan điểm đó làm việc thế nào. Thử tưởng tượng một tiến trình trong đó một đơn tử bắt đầu tại một vị trí A và di chuyển tự do. Theo mô hình Newton, đơn tử đó sẽ đi theo một đường thẳng. Sau một thời gian chính xác nào đó qua đi, chúng ta sẽ thấy đơn tử tại một vị trí B chính xác nào đó trên đường đi.

Trong mô hình của Feynman, một đơn tử *quantum* lấy mẫu mọi hướng trình nối kết A và B, thu thập một con số được gọi là *phase* (pha) cho mỗi hướng trình. Pha đó tượng trưng cho vị trí trong chu kỳ của một sóng, nghĩa là, không cần biết sóng đang ở tại một đỉnh hay đáy hay một vị trí chính xác nào đó nằm giữa. Phương pháp toán học dùng để tính pha đó cho thấy rằng khi bạn cộng những sóng lại từ tất cả các hướng trình thì bạn có được biên độ xác suất (probability amplitude) mà đơn tử, bắt đầu từ A, sẽ đi đến B. Bình phương của biên độ xác suất đó sẽ cho ta xác suất đúng mà đơn tử sẽ đến B. Pha mà mỗi hướng trình cá nhân đóng góp cho tổng số Feynman (và do đó cho xác suất đi từ A đến B) có thể hình dung như một mũi tên có độ dài cố định nhưng có thể chỉ về bất kỳ hướng nào. Để cộng hai pha, bạn đặt mũi tên tượng trưng một pha ngay đầu của mũi tên tượng trưng cho mũi tên kia, để có một mũi tên mới tượng trưng cho tổng số.

Chương IV: Hướng Trình Tổng Sóng

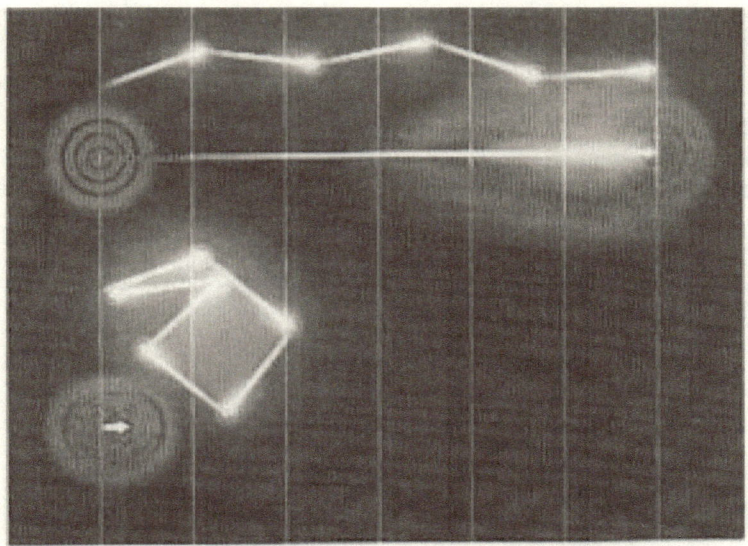

Adding Feynman Paths The effects due to different Feynman paths can enhance or diminish each other just as waves do. The yellow arrows represent the phases to be added. The blue lines represent their sum, a line from the tail of the first arrow to the point of the last one. In the lower image the arrows point in different directions and so their sum, the blue line, is very short.

Muốn cọng nhiều mũi tên hơn, bạn chỉ việc tiếp tục quá trình trên. Xin nhớ rằng khi những pha thẳng hàng với nhau, mũi tên tượng trưng cho tổng số có thể rất dài. Nhưng nếu chúng chỉ về những hướng khác nhau, chúng có khuynh hướng triệt tiêu khi bạn cọng chúng lại, do đó bạn chẳng còn lại được gì nhiều. Xin xem hình bên dưới.

Chương IV: Hướng Trình Tổng Sóng

Muốn thực hiện phương pháp toán học của Feynman để tính biên độ xác suất mà một đơn tử bắt đầu từ *A* sẽ đi đến *B*, bạn cộng các pha, hay mũi tên, liên kết với mọi hướng trình nối liền *A* với *B*. Có vô số những hướng trình, khiến bài toán hơi phức tạp, nhưng thực hiện được. Một số hướng trình được vẽ ra trong hình bên dưới.

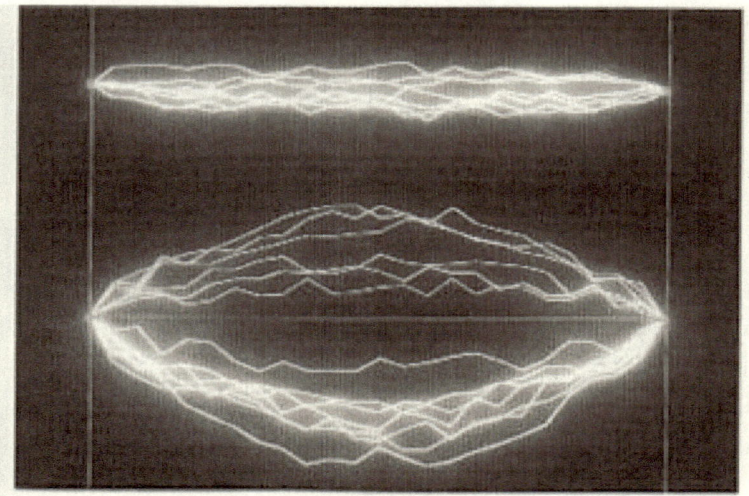

The Paths from A to B The "classical" path between two points is a straight line. The phases of paths that are near to the classical path tend to enhance each other, while the phases of paths farther from it tend to cancel out.

Lý thuyết Feynman cho ra một bức tranh đặc biệt rõ ràng cho thấy làm thế nào một bức tranh thế giới có thể dựa vào vật lý *quantum*, một bộ môn có vẻ rất khác biệt.

Theo thuyết Feynman, những pha liên kết với mỗi hướng trình tùy thuộc vào hằng số *Planck*. Lý thuyết bảo rằng, vì hằng số *Planck* quá nhỏ, nên khi bạn cộng những đóng góp từ các hướng trình cận kề với nhau những pha thường thay đổi lung tung, và do đó, như trong hình, chúng có khuynh hướng tiến về *zero*. Nhưng lý thuyết cũng cho thấy rằng có một số hướng trình trong đó những pha có một khuynh hướng thẳng hàng với nhau, và vì thế những pha đó được ưu tiên, nghĩa là chúng đóng góp một phần lớn hơn vào hành xử được quan sát của đơn tử. Kết quả là, đối với những vật thể lớn, những hướng trình tương tự như hướng trình được Newton tiên đoán sẽ có những pha tương tự và cọng lại để cho ra đóng góp lớn nhất cho tổng số, và như thế hướng đến duy nhất có một xác suất thực sự lớn hơn *zero* là hướng được thuyết Newton tiên đoán, và hướng đó có một xác suất rất gần với một (1). Như thế những vật thể lớn di chuyển y như thuyết Newton tiên đoán.

Đến đây chúng ta đã trình bày những tư tưởng của Feynman trong văn mạch của thí nghiệm khe đôi. Trong thí nghiệm đó, những đơn tử được bắn đến một bức tường có hai khe, và chúng ta đo lường vị trí trên màn chắn đặt phía sau bức tường. Tổng quát hơn, thay vì chỉ dùng một đơn tử, thuyết Feynman cho phép chúng ta tiên đoán những kết quả khả thể của một hệ thống; đó có thể là một đơn tử, một tập hợp những đơn tử, hay ngay cả toàn thể vũ trụ. Giữa trạng thái ban đầu của hệ thống và sự đo lường về sau của chúng ta liên quan đến những thuộc tính của nó, những thuộc tính đó tiến hóa theo một cách nào đó, điều mà các vật lý gia gọi là lịch sử của hệ thống. Trong thí nghiệm khe đôi, chẳng hạn, lịch sử của đơn tử đơn thuần là hướng trình của nó. Cũng như đối với thí nghiệm khe đôi, cơ may quan sát được đơn tử rơi tại một điểm nhất định tùy thuộc vào tất cả những hướng trình có thể đã đưa nó đến đó, Feynman cho thấy rằng, đối với một hệ thống, xác suất của bất kỳ quan sát nào cũng đều được xây dựng từ tất cả những lịch sử khả thể có thể đã đưa đến quan sát đó. Vì vậy, phương pháp của ông được mệnh danh là *"sum of histories – hướng trình tổng sóng"* hay công thức *"alternative histories – lịch sử tương ứng"* của vật lý *quantum*.

Chương IV: Hướng Trình Tổng Sóng

Bây giờ, khi chúng ta có được một cảm giác về phương thức Feynman đối với vật lý *quantum*, đến lúc xem xét một nguyên lý *quantum* khác mà chúng ta sẽ sử dụng sau nầy – nguyên lý cho rằng chính việc quan sát một hệ thống đã khiến nó thay đổi cách hành xử rồi. Tương tự như hành động của chúng ta khi thấy người quản lý có dính bù tạc trên má, có thể nào chúng ta nhìn một cách tế nhị và không can thiệp? Không. Theo vật lý *quantum*, bạn không thể "chỉ" quan sát một cái gì. Nghĩa là, vật lý *quantum* nhìn nhận rằng muốn thực hiện một quan sát, bạn phải đối tác với đối tượng mà bạn quan sát. Chẳng hạn, muốn thấy một vật theo nghĩa truyền thống, chúng ta soi một ánh sáng lên nó. Nhưng ngay cả soi một tia sáng yếu ớt trên một đơn tử *quantum* – nghĩa là, bắn những *photons* lên nó – cũng có một hệ quả đáng kể, và những thí nghiệm cho thấy rằng việc soi đó làm thay đổi những kết quả của một thí nghiệm theo chính cách mà vật lý *quantum* mô tả.

Giả sử, như trước đây, chúng ta gởi một loạt đơn tử đến một rào cản trong thí nghiệm khe đôi và thu thập những dữ kiện trên một triệu đơn tử đầu tiên đi qua khe. Khi chúng ta biểu diễn một số đơn tử rơi trên những điểm khác nhau, những dữ kiện sẽ tạo nên một biểu mẫu nhiễu (interference pattern) được minh họa trong hình thứ ba, và khi chúng ta cộng các pha được liên kết với tất cả những hướng trình từ điểm khởi hành *A* của một đơn tử đến điểm *B*, chúng ta sẽ thấy rằng xác suất rơi mà chúng ta tính tại những điểm khác nhau phù hợp với những dữ kiện đó.

Bây giờ giả sử chúng ta lặp lại thí nghiệm, lần nầy đưa ánh sang trên các khe sao cho chúng ta thấy được một điểm trung gian, *C*, nơi đơn tử đi qua. (*C* là vị trí của một trong hai khe). Điều nầy được gọi là *"which-path information* – thông tin hướng trình" vì nó cho chúng ta biết đơn tử đi qua khe nào. Vì bây giờ chúng ta biết đó là khe nào rồi thì những hướng trình trong tổng số cho đơn tử đó sẽ chỉ gồm những hướng trình đi qua một trong hai khe mà thôi; chứ không phải những hướng trình đi qua cả hai khe. Khi giải thích biểu mẫu nhiễu Feynman nói rằng những hướng trình đi qua một khe nhiễu động với những hướng trình đi qua khe kia.

Do đó, nếu bạn cho đèn sáng lên – hậu quả là loại bỏ lựa chọn thứ hai – bạn sẽ làm cho biểu mẫu nhiễu biến mất. Và thực vậy, khi cuộc thí nghiệm được thực hiện, nếu bật đèn lên sẽ thay đổi kết quả biểu mẫu nhiễu trong hình số ba sang biểu mẫu trông hình số hai. Hơn nữa, chúng ta có thể thay đổi thí nghiệm bằng cách dùng ánh sáng rất mờ sao cho không cho tất cả đơn tử đối tác với ánh sáng. Trong trường hợp đó chúng ta có thể đạt được thông tin hướng trình chỉ liên quan đến một phó hệ (subset) đơn tử nào đó thôi. Nếu sau đó chúng ta chia dữ kiện trên những điểm đến tùy theo chúng ta có lấy được thông tin hướng trình hay không, chúng ta thấy rằng dữ kiện thuộc thứ hệ trong đó chúng ta có thông tin hướng trình sẽ tạo nên một biểu mẫu nhiễu, ngược lại thứ hệ dữ kiện thuộc những đơn tử mà chúng ta không có thông tin hướng trình sẽ không có nhiễu.

Tư tưởng nầy có những hàm ngụ quan trọng đối với quan niệm của chúng ta về "quá khứ". Trong thuyết Newton, quá khứ được giả định hiện hữu như một chuỗi biến cố nhất định. Nếu bạn thấy chiếc bình kia mà bạn đã mua ở Ý năm ngoái đang nằm vỡ nát từng mảnh trên sàn nhà và đứa bé con bạn đang đứng trên đó với gương mặt nghệch ra, thì bạn có thể phăng ngược dòng những biến cố đã đưa đến sự việc: những ngón tay tháy máy, chiếc bình rơi và tan ra từng mảnh khi chạm đất. Thực tế, khi có đầy đủ những dữ kiện liên quan đến hiện tại, những định luật Newton cho phép chúng ta tính toán được một bức tranh hoàn chỉnh về quá khứ. Điều nầy phù hợp với sự hiểu biết trực giác của chúng ta rằng, dù đau khổ hay hạnh phúc, thế giới có một quá khứ nhất định. Có thể không có ai đứng nhìn, nhưng quá khứ hiện hữu một cách chắc chắn giống như bạn đã chụp được một loạt những bức

Chương IV: Hướng Trình Tổng Sóng

hình của nó. Nhưng một *buckyball* không thể được nói đã có một hướng trình nhất định từ nguồn đến màn chắn. Chúng ta có thể xác định vị trí của một *buckyball* bằng cách quan sát nó, nhưng nằm giữa những quan sát của chúng ta, phân tử đi theo tất cả mọi hướng trình. Vật lý *quantum* nói với chúng ta, bất luận những quan sát của chúng ta về hiện tại có chu đáo đến mấy đi nữa, quá khứ (không được quan sát), cũng như tương lai, là vô định và chỉ hiện hữu như một quang phổ (spectrum) của những khả thể mà thôi. Vũ trụ, theo vật lý *quantum*, không phải chỉ có một quá khứ hay lịch sử duy nhất.

Sự kiện quá khứ không có hình thức rõ rệt có nghĩa là những quan sát mà bạn thực hiện trên một hệ thống trong hiện tại ảnh hưởng quá khứ của nó. Điều đó được nhấn mạnh qua một loại thí nghiệm của vật lý gia John Wheeler có tên là *delayed-choice experiment* (thí nghiệm có chọn lựa triển hạn). Trên phương diện thiết kế, thí nghiệm nầy cũng giống như thí nghiệm khe đôi mà chúng tôi vừa trình bày, trong đó bạn có thể quan sát hướng trình của đơn tử, nhưng với thí nghiệm *delayed-choice* bạn hoãn lại sự lựa chọn có nên hay không nên quan sát cho đến ngay trước khi đơn tử chạm màn chắn.

Những thí nghiệm *delayed-choice* cho ra kết quả giống hệt như những kết quả mà chúng ta có khi chúng ta lựa chọn quan sát (hay không quan sát) thông tin hướng trình bằng cách nhìn vào chính những khe. Nhưng trong trường hợp nầy, hướng trình mà mỗi đơn tử theo – nghĩa là quá khứ của nó – được xác định mãi sau khi nó đi qua những khe và giả định phải "quyết định" có nên chỉ đi qua một khe – như thế không tạo ra nhiễu – hay đi qua cả hai khe – tạo ra nhiễu.

Wheeler còn xem xét một phiên bản vũ trụ (cosmic version) của thí nghiệm, trong đó những đơn tử liên quan là những *photons* được phát ra bởi những *quasars* hàng triệu năm ánh

Chương IV: Hướng Trình Tổng Sóng

sáng trước đây. (*Quasar*: tạm dịch là chuẩn tinh, nghĩa là thiên thể trông giống như một ngôi sao và phát ra điện từ rất mạnh.) Ánh sáng như thế có thể chẻ ra thành hai hướng trình và hội tụ trở lại khi hướng về trái đất do ảnh hưởng lăng kính trọng lực (gravitational lensing) của một thiên hà nằm giữa. Mặc dù thí nghiệm vượt khỏi khả năng của kỹ thuật hiện thời, nếu chúng ta có thể thu thập đủ những *photons* từ ánh sáng, chúng phải tạo thành một biểu mẫu nhiễu. Tuy nhiên, nếu chúng ta đặt một bộ phận để đo thông tin hướng trình ngay trước khi thám sát, thì biểu mẫu đó sẽ biến mất. Sự lựa chọn đi theo một hay hai hướng trình trong trường hợp nầy có thể đã được thực hiện hàng tỉ năm trước, trước khi trái đất hay có thể ngay cả trước khi mặt trời được tạo ra, và tuy vậy với sự quan sát của chúng ta trong phòng thí nghiệm, chúng ta sẽ ảnh hưởng đến sự lựa chọn đó.

Trong chương nầy, chúng ta đã minh họa vật lý *quantum* bằng cách sử dụng thí nghiệm khe đôi. Trong phần sắp tới, chúng tôi sẽ áp dụng công thức Feynman về cơ học lượng tử (quantum mechanics) cho vũ trụ như một tổng thể. Chúng ta sẽ thấy rằng, tương tự như một đơn tử, vũ trụ không có một lịch sử độc nhất, nhưng có mọi lịch sử, mỗi lịch sử với khả thể riêng của nó; và quan sát của chúng ta liên quan đến trạng thái hiện tại của nó ảnh hưởng đến quá khứ của nó và xác định những lịch sử khác nhau của vũ trụ, y hệt như những quan sát của đơn tử trong thí nghiệm khe đôi ảnh hưởng quá khứ của quá khứ đơn tử. Phân tích đó sẽ cho thấy phương thức những định luật thiên nhiên trong vũ trụ chúng ta hình thành từ thời *big bang*. Nhưng trước khi chúng ta xem xét những định luật đến cách nào, chúng ta sẽ bàn qua về những định luật đó là gì, và một số bí mật mà chúng gợi ra.

Chương V
Lý Thuyết Về Vạn Vật
(The Theory of Everything)

*The most incomprehensible thing about the universe is
That it is comprehensible.*
-Albert Einstein

Tổng Quát

Vũ trụ là khả tri bởi vì nó được chi phối bởi những định luật khoa học; nghĩa là, hành xử của nó có thể lập thành mô hình. Nhưng những định luật hay mô hình đó là gì? Lực (force) đầu tiên được mô tả trong ngôn ngữ toán học là trọng lực (gravity). Định luật trọng lực của Newton, xuất bản năm 1687, nói rằng mọi vật thể trong vũ trụ lôi cuốn nhau với một lực tỉ lệ với trọng khối của nó (mass). Định luật đó tạo nên một ấn tượng lớn trên đời sống trí thức của kỷ nguyên của nó vì lần đầu tiên nó cho thấy rằng ít nhất một phương diện của vũ trụ có thể được mô hình hóa một cách chính xác, và nó thiết lập bộ máy toán học để làm việc đó. Tư tưởng cho rằng có những định luật thiên nhiên mang lại những vấn đề tương tự như tư tưởng theo đó Galileo đã bị kết tội tà đạo khoảng năm mươi năm trước đó. Chẳng hạn, Thánh Kinh kể câu chuyện của Joshua cầu nguyện cho mặt trời và mặt trăng ngừng lại trên hướng trình của chúng để cho ông có thể có thêm ánh sáng kết thúc cuộc chiến với người Amorites tại Canaan.

Theo sách của Joshua, mặt trời đã đứng yên khoảng một ngày. Ngày nay, chúng ta biết rằng điều đó có nghĩa là trái

đất ngừng xoay. Nếu trái đất ngừng, theo những định luật

Chương V: Lý Thuyết về Vạn Vật

của Newton, bất kỳ cái gì không được buộc xuống sẽ tiếp tục di chuyển theo vận tốc của trái đất (1000 *miles*/giờ tại xích đạo) – một giá cao phải trả cho một hoàng hôn bị đình hoãn lại. Điều nầy chẳng làm Newton bận tâm, vì như chúng tôi đã nói, Newton tin rằng Thượng Đế có thể và thực sự can thiệp vào vận hành của vũ trụ. Những phương diện khác của vũ trụ trong đó một định luật hay mô hình được khám phá là những lực điện và từ. Những lực nầy hoạt động như trọng lực, với sự khác biệt quan trọng là hai tích điện (charge) hay hai nam châm cùng loại đẩy nhau ra, trong khi những tích điện hay nam châm khác loại thì hút nhau. Lực điện và từ thì mạnh hơn nhiều so với trọng lực, nhưng chúng ta thường không để ý đến chúng trong đời sống hằng ngày bởi vì một vật vĩ mô (macroscopic body) chứa những tích điện âm và dương với số lượng hầu như bằng nhau. Điều nầy có nghĩa là những lực điện và từ giữa hai vật vĩ mô gần như triệt tiêu lẫn nhau, không giống như những lực của trọng lực cộng vào nhau.

Tư tưởng hiện nay của chúng ta về điện và từ được phát triển qua một giai đoạn khoảng một trăm năm từ giữa thế kỷ mười tám đến giữa thế kỷ mười chín, khi các vật lý gia trong một số quốc gia tiến hành những nghiên cứu thực nghiệm một cách chi tiết liên quan đến những lực điện và từ. Một trong những khám phá quan trọng nhất là lực điện và từ liên hệ với nhau: Một tích điện di chuyển gây ra một lực trên nam châm, và một nam châm di chuyển gây ra một lực trên những tích điện. Người đầu tiên thấy rằng có một vài liên hệ là vật lý gia người Dan Mạch Hans Christian Orsted. Trong khi chuẩn bị một bài thuyết trình mà ông sẽ đọc tại đại học vào năm 1820, Orsted để ý thấy rằng dòng điện từ bình ác quy mà ông xử dụng làm lệch một kim địa bàn bên cạnh. Ông nhận thấy ngay rằng điện di chuyển tạo ra một lực từ, và chế ra từ ngữ *"electromagnetism"*. Một ít năm sau khoa học gia người Anh Michael Faraday lý luận rằng – theo ngôn từ hiện đại – nếu một dòng điện có thể gây ra một từ trường thì một từ trường cũng có thể tạo ra một dòng điện. Ông chứng minh hệ quả đó vào năm 1831. Mười bốn năm sau Faraday cũng khám phá ra một liên hệ giữa điện từ và ánh sáng khi ông cho thấy rằng từ tính (magnetism) cao có thể ảnh hưởng bản chất của ánh sáng phân cực (polarized light).

Michael Faraday

Faraday không học hành bao nhiêu. Ông sinh ra trong một gia đình thợ rèn nghèo gần Luân Đôn và thôi học lúc mười ba tuổi để sống với nghề đưa thơ và đóng sách trong một tiệm sách. Ở đó, qua năm tháng, ông học khoa học và đọc những sách mà ông cho là cần đọc, và thực hiện những thí nghiệm đơn giản và rẻ tiền trong lúc rảnh rỗi. Cuối cùng ông xin được việc làm với tư cách là phụ tá phòng thí nghiệm của nhà đại hóa học Sir Humphry Davy. Faraday tiếp tục làm việc ở đó suốt bốn mươi lăm năm còn lại của đời ông và, sau khi Davy chết, Faraday kế nghiệp ông. Faraday dở toán và không bao giờ học toán nhiều, cho nên ông vất vả trong việc khái niệm được một bức tranh lý thuyết liên quan đến những hiện tượng điện từ quái dị mà ông quan sát được ở phòng thí nghiệm của ông.

Một trong những tiến bộ trí thức lớn nhất của Faraday là quan niệm về lực trường (force fields). Trong thời gian nầy, nhờ vào sách và phim ảnh liên quan đến người hành tinh mắt lồi và những con tàu không gian của họ, hầu hết mọi người đều quen thuộc với từ ngữ nói trên, cho nên có lẽ vì thế mà ông được tiếng. Nhưng trong những thế kỷ giữa Newton và Faraday một trong những bí mật của vật lý học là những định luật của nó hình như cho thấy rằng những lực tác động qua không gian trống ngăn chặn những vật thể đối tác. Faraday không thích điều đó. Ông tin rằng, muốn di chuyển một vật, thì phải có một cái gì khác va chạm với nó. Và do đó ông tưởng tượng không gian nằm giữa những tích điện và nam châm như được đong đầy với những ống vô hình (invisible

Chương V: Lý Thuyết về Vạn Vật

tubes) thực sự làm công việc đẩy và kéo. Faraday gọi những ống nầy là một lực trường. Một cách tốt để hình dung một lực trường là thực hiện biểu diễn trong phòng học trong đó

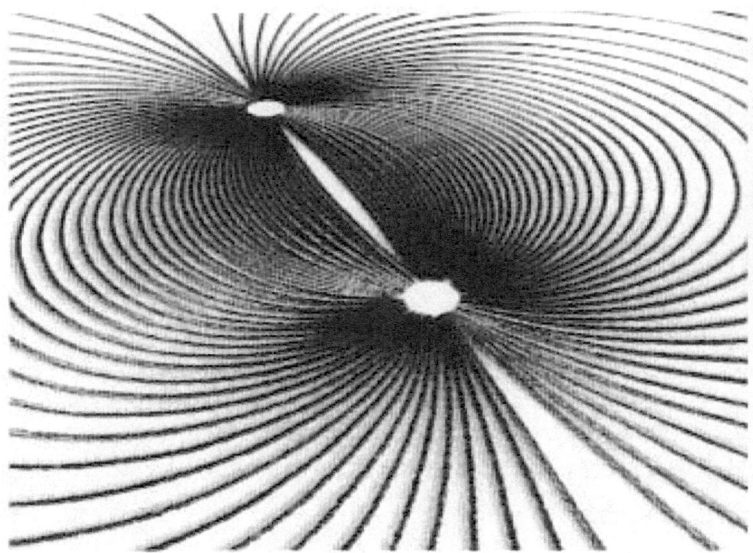

Force Fields The force field of a bar magnet, as illustrated by the reaction of iron filings.

một tấm kiếng được đặt trên một thanh nam châm và những bột sắt được rải ra trên tấm kiếng. Để giảm ma sát, người ta gõ nhẹ vài cái vào tấm kiếng, và cứ thế những bột sắt di chuyển như bị kéo đi bởi một lực vô hình và tự sắp xếp thành những hình cung trải ra từ đầu nầy đến đầu kia của thanh nam châm. Biểu mẫu đó là một bản đồ của lực từ vô hình có cùng khắp trong không gian. Ngày nay chúng ta tin rằng tất cả những lực đều được truyền tải bởi những lực trường, cho nên đó là một khái niệm lớn trong vật lý hiện đại – cũng như trong khoa học giả tưởng.

Chương V: Lý Thuyết về Vạn Vật

Trong vài thập niên kiến thức của chúng ta về điện từ vẫn đứng yên, chỉ mang lại kiến thức của một ít định luật thực nghiệm: gợi ý cho rằng điện và từ liên hệ chặt chẽ, nếu không nói là bí mật; khái niệm cho rằng chúng có một hình thức liên kết nào đó với ánh sáng; và quan niệm cơ bản về những trường (fields). Ít nhất, có mười một lý thuyết về điện từ, tất cả đều khiếm khuyết. Sau đó, trong giai đoạn những năm của thập niên 1860, vật lý gia người Tô Cách Lan James Clerk Maxwell triển khai tư tưởng của Faraday vào một khung toán học giải thích mối liên hệ chặt chẽ và bí mật giữa điện, từ, và ánh sáng. Kết quả là một hệ những phương trình mô tả những lực điện và từ như những thể hiện của cùng một thực thể vật lý, tức điện từ trường. Hơn nữa, ông cho thấy rằng những điện từ trường có thể lan truyền qua không gian như một sóng. Vận tốc của sóng đó được chi phối bởi một con số hiện ra trong những phương trình của ông, con số mà ông đã tính toán từ những dữ kiện được đo lường vài năm trước đó.

Sóng vô tuyến

Ông ngạc nhiên thấy rằng vận tốc mà ông tính toán bằng với vận tốc ánh sáng. Ông đã khám phá rằng chính ánh sáng là một sóng điện từ! Ngày nay, những phương thức mô tả những điện từ trường được gọi là phương trình Maxwell. Ít người nghe đến những phương trình đó, nhưng chúng có thể là những phương trình quan trọng nhất về mặt thương mại mà chúng ta biết. Không những chúng chi phối những công việc hằng ngày từ máy móc đến điện toán, nhưng chúng cũng mô tả những sóng khác hơn ngoài ánh sáng, như sóng vi ba (microwaves), sóng vô tuyến (radio waves), hồng ngoại (infrared), và tia X (X-rays). Tất cả những thứ nầy chỉ khác với ánh sáng khả thị (visible light) trên một phương diện – đó là độ dài sóng của chúng (wavelength). Sóng vô tuyến có những độ dài sóng một mét hay hơn, trong khi ánh sáng khả thị có một độ dài sóng một vài phần mười triệu mét,

Chương V: Lý Thuyết về Vạn Vật

và tia X có độ dài sóng ngắn hơn một phần trăm triệu mét. Mặt trời của chúng ta bức xạ (radiate) với mọi độ dài sóng, nhưng bức xạ của nó có cường độ lớn nhất trong những độ dài sóng mà chúng ta có thể thấy. Có lẽ không phải ngẫu nhiên mà những độ dài sóng mà chúng ta có thể thấy bằng mắt thường là những độ dài trong đó mặt trời bức xạ mạnh

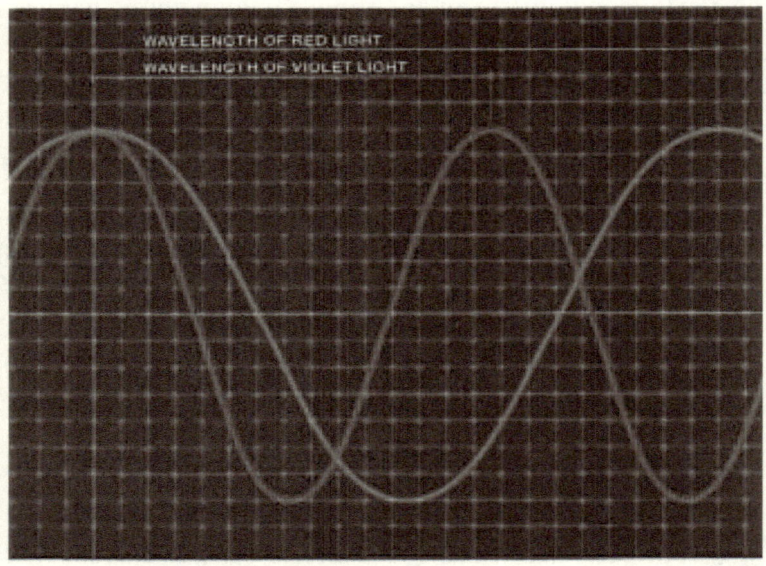

Wavelength Microwaves, radio waves, infrared light, X-rays—and different colors of light—differ only in their wavelengths.

nhất: có thể là mắt của chúng ta tiến hóa với khả năng phát hiện được bức xạ điện từ trong tầm (range) đó chính là vì đó là tầm bức xạ có sẵn nhất cho chúng. Nếu chúng ta có khi nào va chạm với những sinh vật từ những hành tinh khác, có lẽ họ sẽ có khả năng "thấy" bức xạ ở bất kỳ độ dài sóng nào mà mặt trời phát ra mạnh nhất, được điều biến (modulated) bởi những yếu tố như đặc tính cản sáng của bụi và hơi trong khí quyển của hành tinh của họ. Như thế những người hành tinh tiến hóa trong sự hiện diện của tia X có thể đã có một nghề vững chắc liên quan đến an ninh phi trường.

Những phương trình của Maxwell bảo rằng những sóng điện từ đi theo vận tốc khoảng 300,000 kilomét/giây, hay vào khoảng 670 triệu *miles*/giờ. Nhưng nêu ra một vận tốc không có một ý nghĩa nào trừ phi bạn nói rõ một khung quy chiếu (frames of reference) tương ứng với vận tốc được đo lường. Đó không phải là điều mà bạn thường cần phải suy nghĩ trong đời sống hằng ngày. Khi một bảng giới hạn tốc độ ghi 60 *miles*/giờ, điều đó được hiểu là tốc độ của bạn được đo lường theo con đường chứ không theo hố đen tại trung tâm của Dải Ngân Hà.

Nhưng ngay cả trong đời sống hằng ngày cũng có những trường hợp bạn phải nói rõ những khung quy chiếu. Ví dụ, nếu bạn cầm một ly trà đi trên lối đi của một phi cơ phản lực đang bay, bạn có thể nói vận tốc của bạn là 2 *miles*/giờ. Tuy nhiên, một người ở dưới đất có thể nói bạn di chuyển 572 *miles*/giờ. Sợ bạn nghĩ trong số người quan sát kia ắt có một người phát biểu chính xác hơn người kia? Không đâu. Nên nhớ rằng, vì trái đất quay chung quanh mặt trời, nên một người nào đó nhìn bạn từ thiên thể nóng bỏng đó sẽ không đồng ý với cả hai và sẽ nói rằng bạn đang đi khoảng 18 *miles*/giây, chưa nói đến chuyện thêm thuồng cái máy lạnh trên phi cơ mà bạn đang đi. Qua những mâu thuẫn như thế, khi Maxwell tuyên bố đã khám phá "vận tốc ánh sáng" từ những phương trình của ông, câu hỏi tự nhiên là, vận tốc ánh sáng trong những phương trình của Maxwell được đo lường chiếu theo cái gì?

Phương trình của Maxwell

Không có lý do tin rằng thông số (parameter) vận tốc trong những phương trình của Maxwell là một vận tốc được đo lường lấy trái đất làm chuẩn. Sau cùng, những phương trình của ông áp dụng cho toàn thể vũ trụ. Một câu trả lời tương đương có thời được xem xét cho rằng những phương trình của ông xác định vận tốc ánh sáng liên quan với một dung môi (medium) trước đây chưa được phát hiện và có mặt khắp không gian, mệnh danh là *luminiferous ether* (*ether* tỏa sáng) hay gọi tắt là *ether*, danh từ mà Aristote dùng để chỉ một chất mà ông tin hiện hữu khắp vũ trụ bên ngoài quả đất. Chất *ether* giả thuyết nầy thường là dung môi qua đó những sóng điện từ truyền đi, y hệt như âm thanh truyền đi qua không khí. Nếu *ether* hiện hữu thì sẽ có một tiêu chuẩn tuyệt đối của tịnh thế (rest) – nghĩa là, tịnh thế đối với *ether* – và do đó một cách tuyệt đối nhằm định nghĩa luôn cả chuyển động

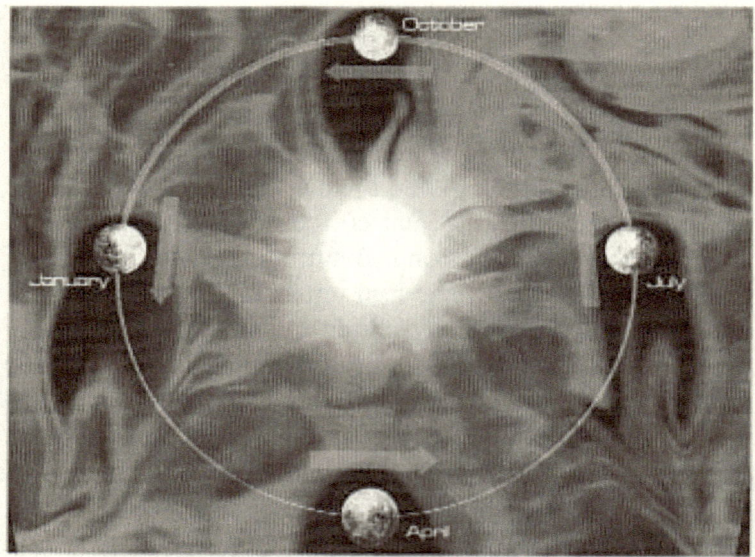

Moving Through the Ether If we were moving through the ether, we ought to be able to detect that motion by observing seasonal differences in the speed of light.

(motion). *Ether* sẽ cung ứng một khung quy chiếu được ưa chuộng xuyên suốt vũ trụ, dựa theo đó vận tốc bất kỳ vật thể nào cũng có thể được đo lường. Do đó *ether* được mặc nhiên công nhận là hiện hữu trên cơ sở lý thuyết, thôi thúc một số khoa học gia tìm ra một cách để nghiên cứu nó, hay ít nhất công nhận sự hiện hữu của nó. Một trong những khoa học gia đó là chính Maxwell.

Chương V: Lý Thuyết về Vạn Vật

Nếu bạn chạy đua qua không khí về hướng một sóng âm thanh, âm thanh đến với bạn nhanh hơn, và nếu bạn chạy xa ra thì nó đến với bạn chậm hơn. Tương tự, nếu có một *ether*, thì vận tốc ánh sáng sẽ thay đổi tùy theo sự di chuyển của bạn liên quan với *ether*. Thực tế, nếu ánh sáng hoạt động giống như âm thanh, tương tự như những người trên một máy bay siêu âm không bao giờ nghe tiếng động phát ra từ phía sau máy bay, những người du hành trong không gian nếu đi đủ nhanh qua *ether* sẽ đi nhanh hơn một sóng ánh sáng. Xuất phát từ suy nghĩ đó, Maxwell đề nghị một thí nghiệm. Nếu có một *ether*, trái đất phải di chuyển qua nó trong khi quay chung quanh mặt trời. Và bởi vì trong tháng Giêng trái đất đi theo một phương hướng khác hơn là tháng Tư hay tháng Năm, người ta phải có thể quán sát một khác biệt nhỏ trong vận tốc của ánh sáng tại những thời điểm khác nhau của năm.

Michelson và Morley

Chủ nhiệm nhà xuất bản thuyết phục Maxwell đừng xuất bản ý tưởng của ông trong cuốn *Proceedings of the Royal Society*, vì ông ta không nghĩ thí nghiệm sẽ thành công. Nhưng vào năm 1879, ngay trước khi ông chết ở tuổi bốn mươi tám vì bệnh ung thư bao tử, Maxwell gởi đi một lá thư liên quan đến vấn đề nầy cho một người bạn. Lá thư được phổ biến sau khi ông chết trên tập san *Nature*, và trong số những người đọc bức thư có vật lý gia người Mỹ tên Albert Michelson. Bắt nguồn từ suy nghĩ của Maxwell, năm 1887, Michelson và Edwward Morley thực hiện một thí nghiệm rất nhạy cảm nhằm đo lường vận tốc mà trái đất đi qua *ether*. Tư tưởng của họ là so sánh vận tốc ánh sáng trong hai chiều khác nhau, tại những góc vuông. Nếu vận tốc ánh sáng là một trị số cố định so với *ether*, thì những đo lường sẽ cho thấy những vận tốc thay đổi tùy theo phương hướng của tia sáng. Nhưng Michelson và Morley không quan sát thấy khác biệt nào như vậy.

Kết quả thí nghiệm của Michelson và Morley rõ ràng mâu thuẫn với mô hình những sóng điện từ đi qua *ether*, và sẽ làm cho mô hình *ether* bị bãi bỏ. Nhưng Mục tiêu của Michelson là đo lường vận tốc của trái đất liên quan với *ether*, chứ không phải chứng minh hay bác bỏ giả thuyết *ether*, và những gì ông tìm thấy không đưa ông đi đến kết luận là *ether* không hiện hữu. Cũng không có ai khác đưa ra kết luận đó. Thực vậy, năm 1884, vật lý gia nổi tiếng Sir William Thomson (Lord *Kelvin*) nói rằng "*ether* chỉ là chất mà chúng ta yên tâm là có trong động lực học (dynamics). Một điều mà chúng ta chắc chắn, và đó là thực tại và thực chất của *ether* chiếu sáng".

Làm sao bạn có thể tin vào *ether* bất chấp những kết quả của Michelson và Morley? Như chúng ta đã nói, con người thường cố gắng cứu vãn mô hình bằng những bổ sung vá víu và gượng gạo. Một số khẳng định rằng trái đất kéo *ether* theo với nó, do đó chúng ta không thực sự di chuyển đối với nó. Hai vật lý gia người Hòa Lan Hendrik Antoon Lorentz và người Ái Nhĩ Lan George Francis Fitzgerald cho rằng trong một khung quy chiếu di chuyển đối với *ether*, có lẽ do một hệ quả cơ học bí ẩn nào đó, những đồng hồ sẽ đi chậm lại và những khoảng cách sẽ ngắn lại, do đó người ta sẽ vẫn đo thấy ánh sáng có cùng vận tốc.

Quan niệm *ether*

Những cố gắng như vậy nhằm cứu quan niệm *ether* tiếp tục gần hai mươi thế kỷ cho đến khi xuất hiện một bài viết gây chú ý của một thư ký trẻ vô danh thuộc một văn phòng đăng ký môn bài tại Berne, Albert Einstein. Einstein hai mươi sáu tuổi năm 1905 khi ông xuất bản tài liệu "Zur Elektrodynamik bewwegter Korper" (Điện Động Học về những Vật Thể Di Động). Trong tài liệu đó, ông đưa ra giả đoán rằng những định luật vật lý và đặc biệt là vận tốc ánh sáng sẽ tỏ ra là một đối với những người quan sát đang di chuyển đồng bộ

Chương V: Lý Thuyết về Vạn Vật

(uniformly moving observers). Tư tưởng nầy, hóa ra lại đòi hỏi một cuộc cách mạng trong quan niệm của chúng ta về không gian và thời gian. Để thấy tại sao. Chúng ta thử tưởng tượng những biến cố xảy ra tại cùng một điểm nhưng vào những thời gian khác nhau, trong một máy bay phản lực. Đối với một quan sát viên trên phi cơ, khoảng cách sẽ là *zero* giữa hai biến cố. Nhưng đối với quan sát viên thứ hai trên mặt đất, những biến cố sẽ cách biệt nhau bằng khoảng cách mà máy bay đã bay trong thời gian giữa những biến cố. Điều nầy chứng tỏ rằng hai quan sát viên di chuyển liên quan với nhau sẽ không đồng ý trên khoảng cách giữa hai biến cố.

Bây giờ giả sử hai quan sát viên cùng quan sát một tia sáng

Airborne Jet If you bounce a ball on a jet, an observer aboard the plane may determine that it hits the same spot each bounce, while an observer on the ground will measure a large difference in the bounce points.

đang di chuyển từ đuôi phi cơ đến mũi phi cơ. Cũng như trong ví dụ bên trên, họ sẽ không đồng ý trên khoảng cách mà ánh sáng đã đi từ lúc phát ra tại đuôi phi cơ đến lúc nhận được tại mũi phi cơ. Vì vận tốc là khoảng cách đã đi chia cho thời gian đi, điều nầy có nghĩa là nếu họ đồng ý trên vận tốc mà tia sáng đi – tức vận tốc ánh sáng – họ sẽ không đồng ý trên khoảng cách thời gian giữa lúc phát và lúc nhận.

Đặc thuyết Tương Đối

Điều làm cho việc nầy kỳ dị là, mặc dù hai quan sát viên đo lường những thời gian khác nhau, họ nhìn *cùng một quá trình vật lý*. Einstein không cố đưa ra một giải thích giả tạo cho điều nầy. Ông rút ra kết luận luận lý nếu không nói là kinh ngạc, rằng đo lường thời gian đã qua, tương tự như đo lường khoảng cách đã đi, tùy vào người quan sát thực hiện đo lường đó. Hệ quả đó là một trong những chìa khóa đưa đến lý thuyết trong tài liệu của Einstein năm 1905, tài liệu sau nầy được gọi là đặc thuyết tương đối (special theory).

Công trình của Einstein cho thấy rằng, tương tự như quan niệm về tịnh thế (rest), thời gian không thể nào tuyệt đối, như Newton đã nghĩ. Nói cách khác, không thể quy cho mọi biến cố một thời gian theo đó mọi quan sát viên sẽ đồng ý với nhau. Thay vì thế, tất cả những quan sát viên có những đo lường riêng của họ về thời gian, và những thời gian đo được bởi hai quan sát viên đang di chuyển tương quan với nhau sẽ không ăn khớp với nhau. Những tư tưởng của Einstein đi ngược với trực quan của chúng ta, vì những hàm ngụ của chúng không thể nhận thấy được theo những tốc độ mà chúng ta thường gặp trong đời sống hằng ngày. Nhưng chúng liên tiếp được công nhận qua thí nghiệm. Ví dụ, thử tưởng tượng một đồng hồ quy chiếu đứng yên một chỗ tại trung tâm trái đất, một đồng hồ khác trên mặt đất, và một đồng hồ thứ ba trên một máy bay đang bay hoặc cùng chiều hoặc trái chiều với chiều quay của trái đất.

Chương V: Lý Thuyết về Vạn Vật

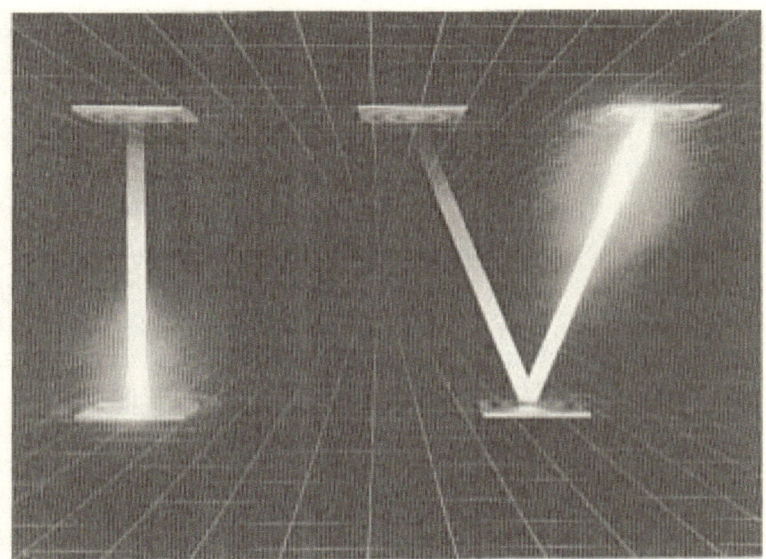

Time Dilation Moving clocks seem to run slow. Because this also applies to biological clocks, moving people will seem to age more slowly, but don't get your hopes up – at everyday speeds, no normal clock could measure the difference.

Khi tham chiếu chiếc đồng hồ tại trung tâm trái đất, chiếc đồng hồ trên máy bay đang di chuyển hướng đông – theo chiều xoay của trái đất – chạy nhanh hơn đồng hồ trên mặt đất, và do đó nó nên chạy chậm lại. Tương tự, khi tham chiếu với đồng hồ tại trung tâm trái đất, chiếc đồng hồ trên máy bay đang bay hướng tây – ngược chiều với trái đất – chạy chậm hơn đồng hồ trên mặt đất, nghĩa là đồng hồ đó nên chạy nhanh hơn đồng hồ trên mặt đất. Và đó đúng là những gì được quan sát khi, trong một thí nghiệm thực hiện vào tháng Mười 1971, một đồng hồ nguyên tử rất chính xác được cho bay quanh thế giới. Như thế, bạn có thể nối dài sự sống của bạn bằng cách cứ bay liên tục về hương đông chung quanh thế giới, mặc dù bạn có thể mệt mỏi vì phải xem tất cả những bộ phim trên máy bay. Tuy nhiên, hệ quả rất nhỏ, mỗi vòng chỉ chậm hơn khoảng 180 phần tỉ của một giây (và dưới hình thức nào đó ảnh hưởng đó được giảm thiểu do hậu quả của sự sai biệt trọng lực, nhưng chúng ta không đi sâu vào vấn đề nầy ở đây.)

Không-Thời-Gian

Nhờ vào công trình của Einstein, các vật lý gia nhận thức được rằng do yêu cầu vận tốc ánh sáng phải như nhau trong mọi khung quy chiếu, thuyết của Maxwell về điện từ bảo rằng thời gian không thể được xem như biệt lập với ba chiều của không gian. Ngược lại, thời gian và không gian tương kết lẫn nhau. Đó tương tự như thêm một hướng thứ tư của tương lai/quá khứ vào những hướng quen thuộc như trái/phải, tới/lui, và lên/xuống. Các vật lý gia gọi sự phối ngẫu không gian và thời gian nầy là "space-time – không-thời-gian", và vì không-thời-gian bao gồm một hướng thứ tư, họ gọi nó là chiều thứ tư. Trong không-thời-gian, thời gian không còn phân biệt với ba chiều không gian, và, nói một cách nôm na, tương tự như định nghĩa của trái/phải, tới/lui, hay lên/xuống tùy vào hướng đi của quan sát viên, hướng của thời gian cũng thay đổi tùy theo vận tốc của quan sát viên. Những quan sát viên di chuyển với những vận tốc khác nhau sẽ chọn những hướng khác nhau cho thời gian trong không-thời-gian.

Đo đó đặc thuyết tương đối của Einstein là một mô hình mới, gạt bỏ được những quan niệm về thời gian tuyệt đối và tịnh thế tuyệt đối (nghĩa là tịnh thế liên quan với *ether* cố định.) Sau đó Einstein nhận thấy rằng, muốn làm cho trọng lực thỏa hiệp với thuyết tương đối, cần phải thực hiện một thay đổi khác. Theo thuyết trọng lực của Newton, tại một thời điểm đã cho những vật hể thu hút nhau do một lực mạnh yếu tùy vào khoảng cách giữa chúng tại thời điểm đó. Nhưng thuyết tương đối đã bỏ quan niệm thời gian tuyệt đối, cho nên không có cách nào xác định khi nào mới nên đo lường khoảng cách giữa các trọng khối. Như thế, thuyết trọng lực của Newton

Chương V: Lý Thuyết về Vạn Vật

không thỏa hiệp được với đặc thuyết tương đối và phải được sửa đổi. Sự mâu thuẫn có thể nghe ra chỉ giống như một khó khăn kỹ thuật thôi, có lẽ một chi tiết có thể bằng một cách nào đó được khắc phục mà không cần thay đổi nhiều trong lý thuyết. Thực tế cho thấy giả đoán đó quá xa vời sự thật.

Suốt mười một năm sau đó, Einstein đã triển khai một lý thuyết mới về trọng lực, thuyết được ông gọi là tổng thuyết tương đối (general relativity). Quan niệm về trọng lực trong tổng thuyết tương đối hoàn toàn không giống quan niệm của

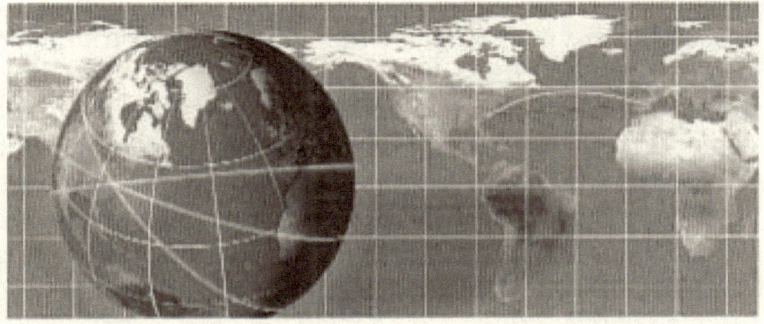

Geodesics The shortest distance between two points on the earth's surface appears curved when drawn on a flat map—something to keep in mind if ever given a sobriety test.

Newton. Ngược lại, nó dựa trên đề xuất có tính cách mạng theo đó không-thời-gian không phẳng, như đã giả định trước kia, nhưng bị uốn cong (curved) và dị dạng (distorted) bởi trọng khối và năng lượng trong đó. Một cách tốt để minh họa độ cong là suy nghĩ về bề mặt trái đất. Mặc dù bề mặt trái đất chỉ có hai chiều (vì chỉ có hai chiều dọc ngang, nghĩa là nam/bắc và đông/tây), chúng ta sẽ dùng nó như một ví dụ vì một không gian cong hai chiều dễ vẽ hơn một không gian cong bốn chiều. Hình học về những không gian cong như mặt đất không phải là hình học Euclid mà chúng ta quen thuộc. Ví dụ, trên mặt đất, khoảng cách giữa hai điểm – mà chúng ta biết như là một đường thẳng trong hình học Euclid – là một đường nối liền hai điểm dọc theo những gì được gọi là một vòng tròn lớn (great circle). (Một vòng tròn lớn là một vòng tròn dọc theo bề mặt trái đất có trọng tâm trùng với trung tâm trái đất. Đường xích đạo là một ví dụ của một vòng tròn lớn, và cũng như bất kỳ vòng tròn nào có được bằng cách xoay đường xích đạo theo những đường kính khác nhau.)

Thử tưởng tượng, chẳng hạn, bạn muốn đi từ New York đến Madrid, hai thành phố hầu như có cùng một vĩ tuyến. Nếu trái đất là phẳng, đường ngắn nhất sẽ hướng thẳng về hướng đông. Nếu bạn làm thế, bạn sẽ đến Madrid sau khi đi 3707 *miles*. Nhưng vì độ cong của trái đất, có một lộ trình nhìn trên một bản đồ phẳng thấy cong và do đó xa hơn, nhưng thực sự ngắn hơn. Bạn có thể đi đến đó trong 3605 *miles* nếu đi theo đường vòng lớn, nghĩa là trước tiên đi về hướng đông bắc, sau đó dần dần sang đông, và đông nam. Sự khác nhau về khoảng cách giữa hai lộ trình là do độ cong của trái đất, và là một dấu hiệu của hình học không Euclid của nó. Những hảng máy bay biết điều nầy, và sắp xếp cho những phi công bay theo những lộ trình đường vòng lớn khi nào thấy tiện.

Định luật Newton

Theo những định luật Newton, những vật thể như đạn, bánh, và hành tinh di chuyển theo đường thẳng trừ phi chịu ảnh hưởng của một lực như trọng lực. Nhưng trọng lực, trong thuyết của Einstein, không phải là một lực như các lực khác; ngược lại, nó là một hậu quả của sự kiện trọng khối làm dị dạng không-thời-gian, tạo nên độ cong (curvature). Trong lý thuyết của Einstein, những vật thể di chuyển trên những đường trắc địa (geodisics), tức những đường gần nhất với những đường thẳng trong một không gian cong. Những đường thẳng là những đường trắc địa trên mặt phẳng, và những vòng tròn lớn là những đường trắc địa trên mặt trái đất. Nơi nào vật chất vắng mặt, những đường trắc địa trong không gian bốn chiều tương ứng với những đường thẳng trong không gian ba chiều. Nhưng khi vật chất hiện diện, làm dị dạng không-thời-gian, thì những lộ trình của các thiên thể trong không gian ba chiều cọng theo một phương thức được thuyết Newton giải thích bằng sứt hút của trọng lực. Khi không-thời-gian không phẳng, những lộ trình của các vật thể tỏ ra bị uốn cong, tạo nên cảm giác một lực đang tác động trên chúng.

Tổng thuyết tương đối của Einstein phục sinh lại đặc thuyết tương đối khi trọng lực vắng mặt, và nó thực hiện những tiên đoán hầu như giống như tổng thuyết trọng lực của Newton trong môi trường có trọng lực yếu của Thái Dương Hệ - nhưng không hoàn toàn giống lắm. Thực tế, nếu tổng thuyết tương đối không được áp dụng trong các hệ thống hướng trình qua vệ tinh (GPS), những sai lầm trong các vị trí trên thế giới sẽ tích lũy theo nhịp độ khoảng mười kilomét mỗi ngày! Tuy nhiên, sự quan trọng thực sự của tổng thuyết tương đối không phải sự ứng dụng của nó trong những máy móc hướng dẫn bạn đi đến những nhà hàng mới, nhưng đúng hơn vì đó là một mô hình rất khác biệt về vũ trụ, tiên đoán những hệ quả mới như sóng trọng lực (gravitational waves) va hố đen (black holes). Và do đó tổng thuyết tương đối đã biến cải vật lý học thành hình học. Kỹ thuật hiện đại đủ nhạy cảm để cho phép chúng ta thực hiện nhiều trắc nghiệm mẫn cảm liên quan đến tổng thuyết tương đối, và thuyết nầy đã thành công trong mọi trắc nghiệm.

Mặc dù cả hai đều cách mạng hóa vật lý học, thuyết Maxwell về điện từ và thuyết trọng lực hay tổng thuyết tương đối của Einstein cả hai đều là những thuyết cổ điển, như chính vật lý học của Newton. Nghĩa là, hai thuyết đó là những mô hình trong đó vũ trụ chỉ có một lịch sử. Như chúng ta đã thấy trong chương vừa qua, trên bình diện nguyên tử và phó nguyên tử, nhưng mô hình nầy không phù hợp với những quan sát. Ngược lại, chúng ta phải xử dụng các lý thuyết *quantum* trong đó vũ trụ có thể có bất kỳ lịch sử nào, mỗi lịch sử với cường độ hay biên độ khả thể của chính nó. Đối với những tính toán thực tiễn liên quan đến thế giới mỗi ngày, chúng ta có thể tiếp tục xử dụng những lý thuyết cổ điển, nhưng nếu chúng ta muốn hiểu vận hành của những nguyên tử hay phân tử, chúng ta cần một phiên bản của thuyết Maxwell về điện từ; và nếu chúng ta muốn hiểu vũ trụ sơ khai, khi tất cả vật chất và năng lượng trong vũ trụ bị nén lại thành một dung tích nhỏ, chúng ta phải có một phiên bản *quantum* của tổng thuyết tương đối.

Thuyết Trường

Chúng ta cũng cần những lý thuyết như thế vì nếu chúng ta tìm kiếm một kiến thức căn bản về thiên nhiên, thì sẽ không nhất quán nếu một số định luật là *quantum* trong khi những định luật khác là cổ điển. Do đó, chúng ta phải tìm ra những phiên bản *quantum* liên quan đến tất cả những định luật thiên nhiên. Những lý thuyết như thế được gọi là thuyết trường (field theories).

Những lực thiên nhiên quen thuộc có thể phân chia thành bốn loại:

Trọng lực (gravity). Đây là lực yếu nhất trong bốn lực, nhưng nó là một lực tầm xa (long-range) và tác động trên mọi vật thể trong vũ trụ như là một sức hút. Điều nầy có nghĩa là đối với những vật thể lớn những trọng lực gộp lại và có thể chế ngự tất cả các lực khác.

Điện từ (electromagnetism). Lực nầy cũng là tầm xa và mạnh hơn nhiều so với trọng lực, nhưng nó chỉ tác động trên những đơn tử có một tích điện (electric charge), đẩy nhau ra giữa những tích điện cùng dấu và hút nhau giữa những tích điện khác dấu. Điều nầy có nghĩa là những lực điện giữa những vật thể lớn triệt tiêu lẫn nhau, nhưng trên bình diện nguyên tử và phân tử chúng đứng đầu. Lực điện từ giải thích mọi hiện tượng trong hóa học va sinh học.

Lực nguyên tử yếu (Weak nuclear force). Lực nầy gây ra phóng xạ (radioactivity) và đóng một vai trò quan yếu trong việc hình thành những yếu tố trong các tinh tú và vũ trụ sơ khai. Tuy nhiên, chúng ta không tiếp xúc với lực nầy trong đời sống hằng ngày của chúng ta.

Lực nguyên tử mạnh (Strong nuclear force). Lực nầy giữ các *protons* và *neutrons* lại với nhau bên trong nhân nguyên tử (nucleus of an atom). Nó cũng giữ những thành phần trong những *protons* và *neutrons* lại với nhau, một điều cần thiết vì chúng được tạo thành bởi những đơn tử nhỏ ly ty hơn, tức những *quarks* mà chúng ta đã đề cập trong chương ba. Lực mạnh là nguồn năng lượng cho mặt trời và nguyên tử năng, nhưng, cũng như với lực yếu, chúng ta không tiếp xúc trực tiếp với nó.

Lực đầu tiên theo đó một phiên bản *quantum* được tạo ra là điện tử. Thuyết *quantum* về điện từ trường, gọi là điện động học (electrodynamics – hay QED), được triển khai vào thập niên 1940 do Richard Feynman và những người khác, và đã trở thành một mô hình cho tất cả những lý thuyết lượng tử trường (*quantum* field theories). Như chúng tôi đã nói, theo những lý thuyết cổ điển, lực được truyền tải đi nhờ vào trường (fields). Nhưng trong thuyết lượng tử trường, những trường của lực được minh họa như được tạo thành bởi những đơn tử căn bản khác nhau gọi là *bosons*, tức là những đơn tử tải lực (force-carrying particles) bay qua lại giữa những đơn tử vật chất, truyền lực đi. Những đơn tử vật chất được gọi là *fermions*. *Electrons* và *quarks* là những ví dụ của *fermions*. *Photon* (quang tử), hay đơn tử của ánh sáng, là một ví dụ của một *boson*. Chính *boson* truyền tải lực điện từ. Những gì xảy ra là một đơn tử vật chất, như *electron*, phát ra một *boson*, hay một đơn tử tải lực, và phục hậu trở lại, tương tự như một khẩu đại bác phục hậu sau khi bắn đi một phát đạn. Đơn tử

Chương V: Lý Thuyết về Vạn Vật

lực sau đó va chạm với một đơn tử vật chất khác và bị hấp thụ, làm chuyển hướng đơn tử đó. Theo thuyết *quantum* về điện từ trường (QED), tất cả những đối tác giữa những đơn tử có tải điện – tức đơn tử cảm ứng với lực điện từ - được mô tả cán cứ theo sự trao đổi của những *photons*.

Những tiên đoán của QED

Những tiên đoán của QED đã được trắc nghiệm và được công nhận là phù hợp với những kết quả thí nghiệm một cách chính xác. Nhưng thực hiện những phép tính toán học mà QED đòi hỏi có thể khó khăn. Vấn đề, như chúng ta sẽ thấy dưới đây, là bài toán sẽ trở nên phức tạp khi bạn đưa thêm vào khung quy chiếu nói trên liên quan đến sự trao đổi đơn tử sự yêu cầu *quantum* phải đưa vào tất cả những lịch sử theo đó một đối tác có thể xảy ra – chẳng hạn, tất cả những cách thức một lực có thể được trao đổi. May thay, cùng với phát minh của khái niệm về lịch sử tương ứng (alternative histories) – lối suy nghĩ về những thuyết *quantum* được mô tả trong chương vừa rồi – Feynman cũng triển khai một phương pháp đồ thị (graphical method) hữu hiệu để giải thích những lịch sử khác nhau, một phương pháp ngày nay được áp dụng không chỉ cho QED mà còn cho tất cả những lý thuyết lượng tử trường.

Phương pháp đồ thị của Feynman cung ứng một phương pháp hình dung mỗi trị trong hướng trình tổng sóng (sum over histories). Những đồ thị đó, gọi là đồ thị Feynman, là một trong những dụng cụ quan trọng của vật lý hiện đại. Trong QED tổng số của những lịch sử khả thể có thể được biểu diễn như một tổng số trên những đồ thị như trong hình, tượng trưng cho một số phương cách mà hai *electron* có thể tách ra khỏi nhau qua lực điện từ. Trong những đồ thị nầy, những đường liên tục tượng trưng cho những *electrons* và những đường hình sóng tượng trưng cho những *photons*. Thời gian được hiểu như đi từ đáy lên đỉnh, và những vị trí nơi những đường gặp nhau tương ứng với những *photons* được phát ra hay hấp thụ bởi một *electron*. Đồ thị *A* tượng trưng cho hai *electrons* tiến lại gần nhau, thay thế một *photon*, và sau đó tiếp tục đi. Đó là cách giản dị nhất theo đó hai *electrons* có thể đối tác điện từ, nhưng chúng ta phải xem xét tất cả lịch sử khả thể. Do đó chúng ta cũng phải bao gồm những đồ thị như đồ thị *B*. Đồ thị đó cũng vẽ hai đường đi vào - những *electrons* lại gần – và hai đường đi ra – những *electron* tách ra – nhưng trong hình nầy những *electrons* trao đổi hai *photons* trước khi bay đi. Những đồ thị được vẽ chỉ là một số khả thể; thực tế, có vô số đồ thị, phải được xem xét một cách toán học.

Đồ thị Feynman

Đồ thị Feynman không phải chỉ là một phương pháp đồ thị tốt để vẽ và phân loại những cách thức đối tác có thể xảy ra. Đồ thị Feynman có những nguyên tắc cho phép bạn đọc được một biểu thức toán học từ những đường và những đỉnh (vertices) trong mỗi đồ thị. Như thế xác suất mà những *electrons* đi vào, với một số xung lực sơ khởi (initial mementum) đã cho, cuối cùng sẽ bay đi với một số xung lực kết thúc đặc biệt nào đó, xác suất đó có được bằng cách cộng lại những đóng góp từ mỗi đồ thị Feynman. Điều đó có thể đòi hỏi một số việc phải làm, vì, như chúng ta đã nói, có vô số đóng góp như thế. Hơn nữa, mặc dù những *electron* đi vào và đi ra được ấn định có một năng lượng và xung lượng nhất định, những đơn tử trong những luân chu khép kín (closed loops) bên trong đồ thị có thể có bất kỳ năng lượng và xung lực nào. Điều nầy quan trọng vì khi hình thành tổng số Feynman người ta phải cộng gộp không chỉ tất cả những đồ thị mà còn tất cả những trị số của năng lượng và xunglực.

Những đồ thị Feynman cung ứng các vật lý gia một trợ lực khổng lồ trong việc hình dung và tính toán những xác suất của những tiến trình được QED mô tả. Nhưng chúng không chưa trị được một căn bệnh quan trọng mà lý thuyết mắc phải: Khi bạn cọng những cống hiến từ vô số những lịch sử khác nhau, bạn có một kết quả vô cực (infinite). (Nếu những trị liên tiếp trong một tổng *vô cực* giảm đi đủ nhanh, tổng có thể hữu hạn (finite), nhưng điều đó, tiếc thay, không xảy ra ở đây.) Đặc biệt, khi những đồ thị Feynman được cộng gộp lại, đáp số dường như hàm ngụ rằng *electron* có một trọng khối và tích điện và chúng là vô cực. Điều nầy vô lý, vì chúng ta có thể đo lường trọng khối và tích điện và chúng là hữu hạn. Để giải quyết những trị *vô cực* nầy, người ta triển khai một phương án mệnh danh là *renormalization* (tạm dịch là tái chuẩn hóa).

Phương án tái chuẩn hóa đòi hỏi trừ đi những trị được xác định là *vô cực* và âm sao cho, với hạch toán cẩn thận, tổng của những trị vô cực âm và những trị vô cực dương tìm thấy trong lý thuyết gần như triệt tiêu lẫn nhau, để lại một hiệu số nhỏ, tức những trị số trọng khối và tích điện hữu hạn được quan sát. Những phương thức nầy có thể nghe tương tự như trạng thái khi bạn bị đánh rớt trong một môn thi toán ở trường, và thực vậy, từ ngữ tái chuẩn hóa gây hoài nghi về mặt toán học. Một hậu quả là những trị số có được do phương pháp nầy dành cho trọng khối và tích điện có thể là bất kỳ con số hữu hạn nào. Điều đó có một lợi thế là những vật lý gia có thể lựa chọn những trị vô cực âm sao cho nó cho ra một đáp số đúng, nhưng điểm thất lợi là trọng khối và tích điện của *electron* do đó không thể được tiên đoán từ lý thuyết.

Chương V: Lý Thuyết về Vạn Vật

Feynman Diagrams Richard Feynman drove a famous van with Feynman diagrams painted on it. This artist's depiction was made to show the diagrams discussed above. Though Feynman died in 1988, the van is still around—in storage near Caltech in Southern California.

Nhưng một khi chúng ta đã xác định trọng khối và tích điện của *electron* theo cách nầy, chúng ta có thể xử dụng QED để thực hiện nhiều tiên đoán rất chính xác khác, tất cả phù hợp khít khao với những quan sát, cho nên tái chuẩn hóa là một trong những thành tố của QED.

Một thắng lợi của QED, chẳng hạn, là tiên đoán chính xác được cái gọi là Lamb shift, một thay đổi nhỏ trong năng lượng của một trong những trạng thái của nguyên tử *hydrogen* được khám phá năm 1947. Sự thành công của tái chuẩn hóa trong QED khuyến khích những nỗ lực tìm kiếm những lý thuyết lượng tử trường mô tả ba lực kia của thiên nhiên. Nhưng sự phân chia lực thiên nhiên ra thành bốn loại có lẽ ngụy tạo và một hậu quả của sự thiếu sót hiểu biết của chúng ta. Do đó con người đã tìm ra một lý thuyết về vạn vật sẽ thống nhất bốn loại vào một định luật duy nhất phù hợp với thuyết *quantum*. Điều nầy sẽ là chén thánh (holy grail) của vật lý học.

Một chỉ dấu liên quan đến sự thống nhất đó là phương án đúng đến từ lý thuyết của lực yếu. Thuyết lượng tử trường mô tả lực yếu tự nó không thể được tái chuẩn hóa; nghĩa là, nó có những trị vô cực như trọng khối và tích điện. Tuy nhiên, năm 1967, Abdus Salam và Steven Weinberg mỗi người độc lập đưa ra một lý thuyết trong đó điện từ được thống nhất với lực yếu, và thấy rằng sự thống nhất chữa trị căn bệnh vô cực. Lực thống nhất được gọi là điện lực yếu. Lý thuyết của mó có thể được tái chuẩn hóa, và nó tiên đoán ba đơn tử mới tên là W^+, W^-, và Z^0. Bằng chứng về Z^0 được khám phá tại Hiệp Hội Nghiên Cứu Nguyên Tử Âu Châu (CERN) tại Geneve năm 1983. Salam và Weinberg nhận giải thưởng Nobel năm 1979, mặc dù đơn tử W và Z không được quan sát trực tiếp cho đến năm 1983.

Lý Thuyết QCD

Lực mạnh tự nó có thể được tái chuẩn hóa trong một lý thuyết mang tên QCD, hay chromodynamics (tạm dịch là quang động học). Theo QCD, *proton, neutron*, và nhiều đơn tử căn bản khác của vật chất được tạo nên bởi *quarks*, đơn tử có một thuộc tính đáng chú ý mà các vật lý gia đã đồng ý gọi là *màu* (*color* – do đó mới có từ chromodynamics), mặc dù *màu* của *quarks* chỉ là những tên đặt tiện lợi mà thôi – không có liên quan gì với màu khả thị. *Quarks* gồm ba loại *màu*, đỏ, xanh lá cây, và xanh đậm (red, green, và blue). Hơn nữa, mỗi *quark* có một đối tác (partner), và những *màu* của những đơn tử đó được gọi là *anti-red, anti-green*, và *anti-blue*. Ý tưởng là chỉ những phối hợp không có *màu* rõ ràng (net color) mới có thể hiện hữu như là những đơn tử tự do.

Chương V: Lý Thuyết về Vạn Vật

Có hai cách thực hiện những phối hợp *quark* trung tính (neutral *quark* combinations) như thế. Một *màu* và đối tác của nó triệt tiêu nhau, cho nên một *quark* và một *anti-quark* tạo ra một đôi không *màu*, một đơn tử không ổn định gọi là một *meso*.

Và khi tất cả ba *màu* (hay đối tác) được pha trộn với nhau, kết quả không có *màu* rõ rệt. Ba *quarks*, với ba *màu* khác nhau, tạo thành những đơn tử ổn định gọi là *baryons*, mà *protons* và *neutrons* là những ví dụ (và ba *anti-quarks* tạo thành những phản đơn tử (anti-particles) của những *baryons*). *Protons* và *neutrons* là những *baryons* tạo nên những nhân nguyên tử và là căn bản cho mọi vật chất bình thường trong vũ trụ. QCD cũng có một thuộc tính gọi là *asymptotic freedom* mà chúng tôi có nói đến trong chương ba nhưng không nêu tên ra. *Asymptotic freedom* có nghĩa là những lực mạnh giữa những *quarks* thì nhỏ khi những *quarks* cận kề với nhau nhưng gia tăng nếu chúng cách nhau

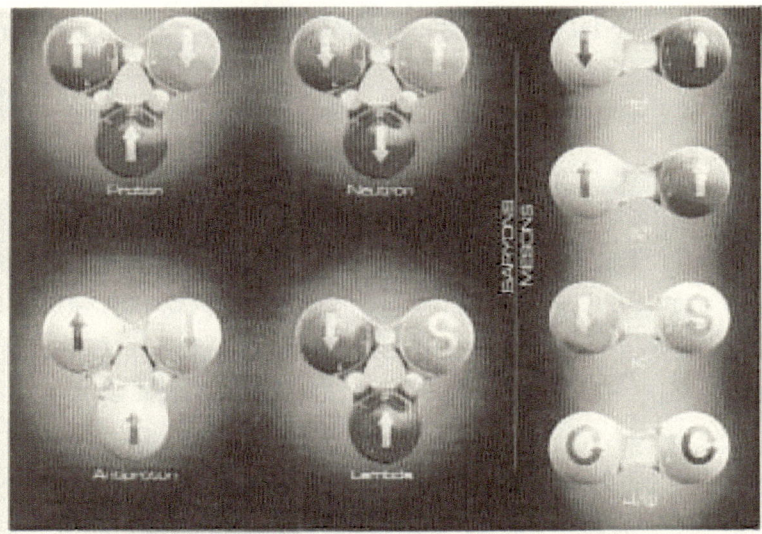

Baryons and Mesons Baryons and mesons are said to be made of quarks bound together by the strong force. When such particles collide, they can exchange quarks, but individual quarks cannot be observed.

xa hơn, thay vì giống như ràng buộc với nhau bằng những rợi dây thun. *Asymptotic freedom* giải thích tại sao chúng ta không thấy những *quarks* lẻ loi trong thiên nhiên và không thể tạo ra chúng trong phòng thí nghiệm. Hơn nữa, cho dù chúng ta không thể quan sát được những *quarks* cá nhân, chúng ta chấp nhận mô hình vì nó làm việc rất tốt trong việc giải thích hoạt động của những *protons*, *neutrons*, và những đơn tử vật chất khác.

Đại Thuyết Thống Nhất

Sau khi thống nhất những lực điện từ và lực yếu, các vật lý gia trong năm 1970 đi tìm một cách để đưa lực mạnh vào trong lý thuyết. Có một số lý thuyết được gọi là đại thuyết thống nhất (grand unified theories) hay GUT thống nhất những lực mạnh với lực yếu và điện từ, nhưng chúng hầu như tiên đoán rằng những *protons*, đơn tử tạo thành chúng ta, sẽ suy hoại (decay) sau khoảng 10^{32} năm. Đó là một tuổi thọ rất dài, vì vũ trụ chỉ mới khoảng 10^{10} tuổi. Nhưng trong vật lý *quantum*, khi chúng ta nói tuổi thọ của một đơn tử là 10^{32} năm, chúng ta không muốn nói rằng đa số các đơn tử sống khoảng 10^{32} năm, nhiều hơn hay ít hơn đôi chút. Ngược lại, điều mà chúng ta muốn nói là, mỗi năm, đơn tử có một trong 10^{32} cơ may bị suy hoại. Do đó, nếu bạn nhìn một bồn chứa 10^{32} *protons* trong một vài năm, bạn phải thấy một số *protons* suy hoại. Không quá khó để thiết kế một bồn như thế, vì 10^{32} *protons* chỉ chứa trong một ngàn tấn nước. Các khoa học gia đã thực hiện những thí nghiệm như thế. Thế thì không dễ dàng mấy nếu thám sát những hiện tượng suy hoại và phân biệt chúng ra khỏi những biến cố khác gây ra do những tia vũ trụ (cosmic rays) liên tiếp trút xuống chúng ta từ không gian. Để tối thiểu hóa nhiễu (noise), những thí nghiệm được thực hiện ngoài sâu bên trong những nơi như Kamioka Mining và mỏ của công ty Smelting Company 3281 feet bên dưới một ngọn núi của Nhật Bản, được cách ly với những tia vũ trụ. Theo kết quả của những quan sát năm 2009, các nhà nghiên cứu đã kết luận rằng nếu *protons* suy hoại thì tuổi thọ của *protons* lâu hơn 10^{34} năm, đây là tin xấu cho các đại thuyết thống nhất.

Thuyết GUT

Vì bằng chứng quan sát trước đây cũng đã không hỗ trợ các thuyết GUT, đa số vật lý gia chấp nhận một lý thuyết tạm thời mệnh danh là mô hình tiêu chuẩn (standard model), gồm có thuyết thống nhất lực điện từ và QCD như một lý thuyết về những lực mạnh,. Nhưng trong mô hình tiêu chuẩn, những lực mạnh và lực điện yếu tác động riêng rẽ và không thực sự thống nhất. Mô hình tiêu chuẩn rất thành công và phù hợp với mọi chứng cứ quan sát hiện tại, nhưng nó không thỏa mãn một cách tối hậu vì, ngoài việc không thống nhất những lực mạnh và điện yếu, nó không bao gồm trọng lực. Có thể khó mà sát nhập lực mạnh với những lực yếu và lực điện từ, nhưng những vấn đề đó chẳng là gì so với vấn đề sát nhập trọng lực với ba lực kia, hay tạo ra một thuyết *quantum* riêng biệt về trọng lực.

Lý do một thuyết *quantum* về trọng lực tỏ ra quá khó tạo ra được liên quan đến nguyên lý bất xác của Heisenberg, đã được đề cập trong chương 4. Điều đó không hiển nhiên, nhưng nay người ta hiểu được rằng đối với nguyên lý bất xác, trị số của một trường và nhịp độ thay đổi của nó đóng một vai trò như nhau như vị trí và phương tốc của một đơn tử. Nghĩa là, trị số này càng được xác định chính xác bao nhiêu thì trị số kia càng kém chính xác bấy nhiêu. Một hậu quả quan trọng của điều đó là không có cái gì gọi là không gian trống (empty space). Đó là vì không gian trống có nghĩa

Chương V: Lý Thuyết về Vạn Vật

là cả hai trị số của một trường và nhịp độ thay đổi của nó là đúng *zero*. (Nếu nhịp độ thay đổi của trường phải là *zero*, không gian sẽ không bao giờ là trống cả.)

"Putting a box around it, I'm afraid, does not make it a unified theory."

Vì nguyên tắc bất xác không cho phép có được những trị số của trường chính xác và nhịp độ thay đổi chính xác, nên không gian không bao giờ trống cả. Không gian có thể có một trạng thái năng lượng tối thiểu, được gọi là chân không (vacuum), nhưng trạng thái ấy tùy thuộc vào cái gọi là *jitters*, hay dao động tịnh thế (vacuum fluctuations) – những đơn tử và trường liên tục biến và hiện.

Chương V: Lý Thuyết về Vạn Vật

Người ta có thể nghĩ về những dao động tịnh thế như những đôi đơn tử cùng xuất hiện tại một thời điểm, di chuyển ra xa, sau đó gặp nhau trở lại và triệt tiêu lẫn nhau. Theo mô hình Feynman, chúng tương ứng với những chu luân khép kín (closed loops). Những đơn tử nầy được gọi là những đơn tử tiềm năng (virtual particles). Không giống như những đơn tử thật, đơn tử tiềm năng không thể được quan sát trực tiếp với một máy thám sát đơn tử (particle detector). Tuy nhiên, những hệ quả gián tiếp của nó, tương tự như những thay đổi nhỏ trong năng lượng của những quỹ đạo *electron,* có thể được đo lường, và phù hợp với những tiên đoán lý thuyết với một độ chính xác đáng chú ý. Vấn đề là những đơn tử tiềm tàng có năng lượng, và vì có vô số đôi đơn tử tiềm năng, chúng có thể có vô số năng lượng. Theo tổng thuyết tương đối, điều nầy có nghĩa là chúng sẽ uốn cong vũ trụ đến một kích thước vô cùng nhỏ, đương nhiên chuyện nầy không bao giờ xảy ra!

Căn Bệnh Vô Cực

Căn bệnh vô cực (plague of infinities) tương tự như vấn đề xảy ra trong những lý thuyết của lực mạnh, yếu, và điện từ, ngoại trừ trong những trường hợp đó sự tái chuẩn hóa loại bỏ hết những trị vô cực. Nhưng những chu luân khép kín trong những đồ thị Feynman sản sinh những trị vô cực không thể hấp thụ bởi tái chuẩn hóa vì trong tổng thuyết tương đối không có đủ những thông số có thể tái chuẩn hóa được (như những trị số của trọng lực và tích điện) để loại bỏ tất cả những trị vô cực *quantum* ra khỏi lý thuyết. Do đó chúng ta chỉ còn một lý thuyết về trọng lực tiên đoán rằng một số định lượng, như độ cong của không-thời-gian, là vô cực, không có cách gì vận hành một vũ trụ sống được.

Điều đó có nghĩa là khả thể duy nhất có được một lý thuyết ý nghĩa sẽ là: tất cả những trị vô cực bằng một cách nào đó phải triệt tiêu mà không cần đến tái chuẩn hóa. Năm 1976,

Chương V: Lý Thuyết về Vạn Vật

một giải pháp khả thể cho vấn đề nầy được tìm ra. Giải pháp nầy được gọi là thuyết siêu trọng lực (*supergravity*). Tiền bổ ngữ *"super"* không được ai hiểu đúng nghĩa cả vì các vật lý gia nghĩ đến bổ ngữ nầy như hiệu năng tối ưu của lý thuyết. Thay vì thế, nó ám chỉ một hình thức đối xứng trong lý thuyết, gọi là *supersymmetry (siêu đối xứng)*. Trong vật lý học, một hệ thống được nói là có một đối xứng nếu những thuộc tính của nó không bị ảnh hưởng bởi một biến trạng (transformation) nào đó như quay nó trong không gian hay dùng ảnh chiếu của nó (mirror image). Ví dụ, nếu bạn lật ngược một chiếc bánh *donut* thì nó vẫn trông giống nhau (trừ phi trên mặt có bôi *chocolate*, trong trường hợp đó nó chỉ ăn ngon hơn tí thôi.) Siêu đối xứng là một dạng đối xứng tế nhị hơn không thể liên kết với biến trạng nào của không gian bình thường.

Một trong những hàm ngụ quan trọng của siêu đối xứng là những đơn tử tải lực (force particles) và đơn tử vật chất, và lực và vật chất, thực sự chỉ là hai mặt của cùng một sự vật. Cụ thể hơn, điều đó có nghĩa là mỗi đơn tử vật chất, như một *quark*, phải có một đơn tử đối tác là một đơn tử tải lực, và mỗi lực, như *photon*, phải có một đơn tử đối tác là đơn tử vật chất. Điều nầy có một tiềm năng giải quyết vấn đề trị vô cực vì rõ ràng là những trị vô cực từ những chu luân khép kín của các đơn tử tải lực là dương trong khi những trị vô cực từ những chu luân khép kín của những đơn tử vật chất là âm, cho nên những trị vô cực trong lý thuyết xuất phát từ những đơn tử tải lực và những đơn tử vật chất đối tác của chúng có khuynh hướng triệt tiêu lẫn nhau. Tiếc thay, những tính toán cần có để tìm xem có trị vô cực nào sót lại không bị triệt tiêu trong thuyết siêu trọng lực hay không, những tính toán đó quá dài và khó khăn và có khả năng sai lầm mà không một ai được chuẩn bị để giải quyết.

Chương V: Lý Thuyết về Vạn Vật

Thuyết Siêu Trọng Lực

Tuy nhiên, đa số các vật lý gia tin rằng thuyết siêu trọng lực có thể là câu trả lời đúng cho vấn đề của trọng lực thống nhất với những lực khác. Bạn có thể nghĩ rằng giá trị của siêu đối xứng sẽ là một điều dễ kiểm chứng – tức xem xét những thuộc tính của những đơn tử và xem chúng có đi cặp với nhau hay không. Không có đơn tử đối tác nào như thế đã được quan sát. Nhưng những tính toán khác nhau mà các vật lý gia đã thực hiện cho thấy rằng những đơn tử đối tác tương ứng với những đơn tử mà chúng ta thấy phải ngàn lần nặng hơn *proton*, nếu không nói là nặng hơn thế nữa. Đó thật quá nặng cho nên những đơn tử như thế không thể được nhìn thấy trong những thí nghiệm hiện có, nhưng người ta hy vọng rằng những đơn tử như thế cuối cùng sẽ được tạo ra trong máy Large Hadron Collider ở Geneve.

Quan niệm của siêu đối xứng là chìa khóa đưa đến việc tạo ra thuyết siêu trọng lực, nhưng quan niệm thực sự đã bắt nguồn từ nhiều năm trước đó với những lý thuyết gia nghiên cứu một lý thuyết non nớt mệnh danh là thuyết dây (string theory). Theo thuyết dây, những đơn tử không phải là những điểm, nhưng là những biểu mẫu của rung chuyển (vibration) có độ dài nhưng không có chiều cao hay chiều ngang – tương tự như những sợi dây vô cùng mỏng. Nhưng thuyết dây cũng đưa đến những trị vô cực, nhưng người ta tin rằng trong phiên bản đúng, tất cả những trị nầy sẽ triệt tiêu. Những thuyết nầy có một tương lai bất thường: chúng chỉ nhất quán nếu không-thời-gian có mười chiều, thay vì bốn chiều bình thường. Mười chiều có thể nghe hấp dẫn, nhưng chúng sẽ gây ra những vấn đề thực sự nếu bạn quên nơi bạn đã đậu xe. Nếu mười chiều phụ trội (extra dimensions) nầy là có, thì tại sao chúng ta không để ý thấy chúng? Theo thuyết dây, chúng được uốn cong vào một không gian rất nhỏ. Để minh họa điều nầy, bạn thử tưởng tượng một mặt phẳng hai chiều. Chúng ta gọi mặt phẳng là hai chiều vì bạn cần hai con số (chẳng hạn, hoành độ và tung độ) để định vị một điểm trên đó. Một không gian hai chiều khác là mặt phẳng của một ống hút (straw). Để định vị một điểm trên không gian đó, bạn cần phải biết điểm đó ở đâu dọc theo chiều dài của ống hút, và nó ở đâu dọc theo vòng tròn. Nhưng nếu ống hút thật mỏng, bạn có thể ước đoán chính xác vị trí với tọa độ duy nhất dọc theo chiều dài, như thế bạn có thể bỏ qua chiều vòng tròn.

Và nếu ống hút có đường kính bằng một phần triệu-triệu-triệu-triệu-triệu *inch,* thì bạn sẽ không hề để ý đến chiều vòng tròn. Đó là bức tranh mà những lý thuyết gia của thuyết dây có về những chiều phụ trội - chúng cong (curved or curled) rất nhiều trên một thang đo (scale) rất nhỏ đến độ chúng ta không thấy chúng. Trong thuyết dây, những chiều phụ trội bị uốn cong vào cái được gọi là không gian bên trong (internal space), trái hẳn với không gian ba chiều mà chúng ta sống hằng ngày. Như chúng ta sẽ thấy, những trạng thái nầy không chỉ là những chiều được ẩn dấu dưới thảm – chúng có một ý nghĩa vật lý quan trọng.

Những Thể Song Lập

Ngoài câu hỏi về chiều, thuyết dây còn vấp phải một vấn đề oái ăm khác: Dường như có ít nhất năm lý thuyết khác nhau và hàng triệu cách mà những chiều phụ trội có thể được uốn cong, điều nầy gây bối rối cho những ai cho rằng thuyết dây là thuyết duy nhất về vạn vật. Sau đó, vào khoảng năm 1994, người ta bắt đầu khám phá ra những thế song lập (dualities) – theo đó những thuyết dây khác nhau, và những cách uốn cong những chiều phụ trội khác nhau, đơn thuần là những cách khác nhau nhằm mô tả những hiện tượng giống nhau trong bốn chiều. Hơn nữa, họ thấy rằng thuyết siêu trọng lực cũng liên quan với những lý thuyết khác theo cách nầy. Những lý thuyết gia của thuyết dây ngày nay được thuyết phục rằng năm thuyết dây khác nhau và thuyết siêu trọng lực chỉ là những ước đoán khác nhau của một lý thuyết căn bản, mỗi thuyết đều có giá trị trong những hoàn cảnh khác nhau.

Thuyết M-theory

Thuyết căn bản hơn đó được gọi là thuyết *M-theory*, như chúng tôi đã đề cập trước đây. Dường như không ai biết chữ "M" tượng trưng cho những gì, nhưng đó có thể là *"master"*, *"miracle"*, hay *"mystery"*. Hình như cả ba đều đúng. Người ta vẫn còn cố giải mã bản chất của thuyết *M- theory*, nhưng điều đó không thể được. Có thể là các hy vọng cổ truyền của các vật lý gia về một lý thuyết thiên nhiên duy nhất là không thể đạt được, và không có một công thức duy nhất nào. Có thể muốn mô tả vũ trụ, chúng ta phải dùng những lý thuyết khác nhau trong những hoàn cảnh khác nhau. Mỗi lý thuyết

Straws and Lines A straw is two-dimensional, but if its diameter is small enough—or if it is viewed from a distance—it appears to be one-dimensional, like a line.

có thể có phiên bản riêng về thực tại, nhưng theo thuyết thực tại theo mô hình (model- dependent realism), điều đó có thể chấp nhận được bao lâu những lý thuyết phù hợp với nhau trong những tiên đoán của chúng khi nào chúng trùng lắp với nhau, nghĩa là khi nào chúng có thể được áp dụng cả hai.

Dù cho thuyết *M-theory* có hiện hữu như một công thức độc lập hay chỉ như một hệ thống, chúng ta vẫn biết một số thuộc tính của nó. Trước tiên, thuyết *M-theory* có mười một (11) chiều không-thời-gian (11 space-time dimensions), chứ không phải mười (10). Những lý thuyết gia của thuyết dây từ lâu nghi rằng sự tiên đoán mười chiều có thể phải được sửa đổi, và công trình gần đây cho thấy rằng một chiều thực ra đã bị xem nhẹ. Thêm vào đó, thuyết *M-theory* có thể chứa không chỉ những dây rung chuyển (vibrating strings) mà còn những đơn tử điểm (point particles), những màng hai chiều (two-dimensional membranes), những quánh ba chiều (three-dimensional blobs), và những vật thể khác khó mô tả hơn và chiếm còn nhiều chiều không gian hơn, có đến chín vật thể như thế. Những vật thể này được gọi là *p-branes* (trong đó *p* có trị số từ 0 đến 9).

Còn về con số khổng lồ của những cách uốn cong những chiều tí hon thì sao? Trong thuyết *M-theory* những chiều phụ trội đó không thể uốn cong theo cách nào cũng được. Toán học của lý thuyết hạn chế phương thức theo đó những chiều của không gian bên trong có thể được uốn cong. Hình thù chính xác của không gian bên trong xác định cả những trị số của những hằng số vật lý, như tích điện của *electron*, và bản chất của những đối tác giữa những đơn tử căn bản. Nói cách khác, nó xác định những định luật hiển nhiên của thiên nhiên (apparent laws of nature). Chúng tôi dùng từ *"apparent"* vì chúng tôi muốn ám chỉ những định luật mà chúng ta quan sát trong vũ trụ - những định luật của bốn lực, và những thông số như trọng khối và tích điện xác định đặt tính của những đơn tử. Nhưng những định luật căn bản hơn là những định luật của thuyết *M-theory*.

Những định luật của thuyết *M-theory* do đó trù bị cho *những vũ trụ khác nhau* với những định luật khác nhau, tùy theo phương thức uốn cong của không gian. Thuyết *M- theory* có những giải pháp trù bị cho nhiều không gian bên trong khác nhau, có lẽ nhiều bằng 10^{500}, nghĩa là nó trù bị cho 10^{500} vũ trụ khác nhau, mỗi vũ trụ với những định luật riêng của nó.

Chương V: Lý Thuyết về Vạn Vật

Để có một khái niệm nhiều là bao nhiêu, bạn thử suy nghĩ thế nầy: Nếu một sinh vật nào đó có thể phân tích những định luật được tiên đoán cho mỗi vũ trụ đó chỉ trong một phần ngàn giây (millisecond) và bắt đầu làm việc tại thời kỳ *big bang*, thì đến nay sinh vật đó có lẽ đã nghiên cứu mới được 10^{20} vũ trụ. Và đó là không nghỉ để uống cà phê giải lao.

Những thế kỷ trước, Newton đã cho thấy rằng những phương trình toán học cung ứng một mô tả vô cùng chính xác về phương cách mà những vật thể đối tác, cả trên trái đất lẫn trên trời. Các khoa học gia đi đến chỗ tin rằng tương lai của toàn thể vũ trụ chỉ có thể được thiết kế nếu chúng ta có lý thuyết thích hợp và có đủ khả năng tính toán. Sau đó xuất hiện thuyết bất xác lượng tử (quantum uncertainty), không gian uốn cong, *quarks*, dây, và những chiều phụ trội, và kết quả ròng của công trình là 10^{500} vũ trụ, mỗi vũ trụ với những định luật khác nhau, chỉ có một trong số những vũ trụ đó tương ứng với vũ trụ như chúng ta biết. Có thể phải từ bỏ hy vọng ban đầu của các vật lý gia muốn xây dựng một lý thuyết duy nhất nhằm giải thích những định luật hiển nhiên của vũ trụ như hậu quả khả thể duy nhất của một vài giả đoán đơn giản. Chúng ta hiện đang được để lại ở đâu? Nếu thuyết *M-theory* dự trù cho 10^{500} hệ định luật hiển nhiên, thì chúng ta đã xuất hiện trong vũ trụ nầy bằng cách nào, với những định luật hiển nhiên đối với chúng ta? Và những thế giới khả thể khác kia thì sao?

Chương VI
Lựa Chọn Vũ Trụ Của Chúng Ta
(Choosing Our Universe)

Tổng Quát

Theo những người Boshongo ở Trung Phi, thuở ban sơ chỉ có bóng tối, nước và ông thần Bumba. Một ngày nọ, Bumba, vì bị bệnh bao tử hành hạ, ói mửa lên mặt trời. Lúc đó mặt trời lau khô bớt nước, chừa lại đất. Nhưng Bumba vẫn còn đau, và ói mửa thêm nữa. Bấy giờ xuất hiện lên trăng, sao, và kế đó là một ít động vật: báo, cá sấu, rùa, và cuối cùng là người. Những người Mayan của Mễ Tây Cơ và Trung Mỹ nói về một thời gian tương tự như thế trước sáng thế, khi tất cả những gì hiện hữu chỉ có biển, bầu trời, và Đấng Tạo Hóa (the Maker). Trong huyền thoại Mayan, Đấng Tạo Hóa, không vui vì không có ai ca ngợi ông, đã tạo ra trái đất, núi, và hầu hết các động vật. Nhưng những động vật không nói được, và do đó ông quyết định tạo ra con người. Trước tiên ông chế tạo họ bằng bùn và đất, nhưng họ chỉ nói nhảm. Ông để họ tự tan rả và làm lại, lần nầy tạo ra người bằng gỗ. Những người nầy ngu đần. Ông quyết định hủy diệt họ, nhưng họ bỏ trốn vào rừng, khứng chịu thiệt hại trên đường đi, thiệt hại đã làm họ thay đổi một ít, tạo ra những gì mà ngày nay chúng ta gọi là khỉ. Sau biến cố đó, Ông Tạo cuối cùng tìm được một công thức hiệu nghiệm, và tạo ra những con người đầu tiên từ bắp trắng và bắp vàng. Ngày nay chúng ta chế tạo cồn (*ethanol*) từ bắp, nhưng cho đến nay không lập được kỳ công như Ông Tạo là chế tạo được những người uống rượu cồn.

Chương VI: Vũ Trụ của Chúng Ta

Tất cả những thần thoại tương tự như thế đều cố gắng trả lời những câu hỏi mà chúng ta giải quyết trong cuốn sách nầy: <u>Tại sao có một vũ trụ, và tại sao vũ trụ như thế nầy?</u> Khả năng của chúng ta giải quyết những câu hỏi như thế đã phát triển đều đặn trong những thế kỷ từ thời cổ Hy Lạp, sâu sắc nhất là trong thế kỷ vừa qua. Được trang bị với kiến thức của những chương trước, bây giờ chúng ta sẵn sàng đưa ra một trả lời khả thể cho những câu hỏi nầy.

Một điều có thể đã hiển nhiên ngay cả trong những thời kỳ sơ khai: hoặc vũ trụ là một sáng tạo mới gần đây hoặc nếu không thì nhân loại chỉ mới hiện hữu một thời gian bằng một phần bé nhỏ của lịch sử vũ trụ. Đó là vì nhân loại đã tiến bộ rất nhanh về kiến thức và kỹ thuật nên nếu con người đã hiện hữu hàng triệu năm, thì kiến thức của nhân loại đã tiến xa hơn nhiều. Theo Cựu Ước, Chúa chỉ tạo ra Adam và Eva trong sáu ngày thôi. Giám mục Ussher, tổng giám mục của toàn Ái Nhĩ Lan từ 1625 đến 1656, xác định nguồn gốc thế giới còn chính xác hơn nhiều, tức là chín (9) giờ sáng ngày 27 tháng Mười năm 4004 trước Công Nguyên. Chúng tôi có một quan điểm khác: nhân loại mới được tạo ra gần đây nhưng vũ trụ đã bắt đầu sớm hơn nhiều, khoảng 13.7 tỉ năm trước đây.

Edwin Hubble

Bằng chứng khoa học thực sự đầu tiên xuất hiện vào những năm 1920, theo đó vũ trụ có một bắt đầu. Như chúng ta đã nói trong chương ba (3), đó là một thời gian khi hầu hết các khoa học gia tin vào một vũ trụ đứng yên (static universe) luôn luôn hiện hữu. Bằng chứng trái ngược thì gián tiếp, dựa trên những quan sát của Edwin Hubble được thực hiện với viễn vọng kính 100 *inch* đặt trên núi Mount Wilson, trong những ngọn đồi ở Pasadena, California. Khi phân tích quang phổ (spectrum) của ánh sáng phát ra từ các thiên hà (galaxies), Hubble quyết định rằng hầu như tất cả các thiên hà đều di chuyển ra xa chúng ta, và càng xa bao nhiêu thì chúng càng di chuyển nhanh bấy nhiêu. Năm 1929, ông xuất bản một định luật liên quan đến hệ số (rate) giữa mức độ mà chúng lùi ra xa và khoảng cách của chúng đối với chúng ta, và kết luận rằng vũ trụ đang bành trướng (expanding). Nếu điều nầy là đúng thì vũ trụ đã phải nhỏ hơn trong quá khứ. Thực vậy, nếu chúng ta suy diễn về quá khứ xa xôi, tất cả vật chất và năng lượng trong vũ trụ đã phải cô đọng tại một vùng rất bé nhỏ với tỉ trọng và nhiệt độ lớn không thể tưởng tượng, và nếu chúng ta đi ngược đủ xa, sẽ có một thời điểm ở đó tất cả bắt đầu – tức biến cố mà chúng ta gọi là *big bang*.

Vũ Trụ Bành Trướng

Tư tưởng cho rằng vũ trụ đang bành trướng bao gồm một ý tế nhị (subtlety). Ví dụ, chúng ta không muốn nói rằng vũ trụ bành trướng theo một cách, chẳng hạn, người ta có thể bành trướng cái nhà của mình bằng cách đập một bức tường và xây một phòng tắm mới tại nơi đang có một cây sồi cổ thụ. Thay vì không gian tự nối dài (extending), chính khoảng cách giữa bất kỳ hai vật nào bên trong vũ trụ lớn ra. Tư tưởng đó xuất hiện trong năm 1930 giữa bao nhiêu tranh cãi, nhưng một trong những cách tốt nhất để hình dung nó vẫn là một ẩn dụ (metaphor) do nhà thiên văn học Arthur Eddington của Đại Học Cambridge đưa ra năm 1931. Eddington hình dung vũ trụ như là bề mặt của một bong bóng (balloon) đang phình ra, và tất cả những thiên hà như những điểm trên mặt bong bóng đó. Bức tranh nầy rõ ràng minh họa lý do tại sao những thiên hà xa lùi nhanh hơn những thiên hà gần. Ví dụ, nếu bán kính của bong bóng tăng gấp đôi mỗi giờ, khoảng cách giữa bất kỳ hai thiên hà nào trên bong bóng sẽ tăng gấp đôi mỗi giờ.

Nếu tại một thời điểm nào đó hai thiên hà cách nhau 1 *inch*, thì một giờ sau chúng sẽ cách nhau hai (2) *inch*, và chúng có vẻ di chuyển tương quan với nhau theo nhịp độ 1 *inch* mỗi

Chương VI: Vũ Trụ của Chúng Ta

giờ. Nhưng nếu chúng bắt đầu ở khảng cách 2 *inch* giữa chúng thì một giờ sau chúng sẽ cách nhau 4 *inch* và có vẻ như di chuyển xa ra nhau với nhịp độ 2 *inch* mỗi giờ. Đó chính là những gì mà Hubble tìm thấy: một thiên hà càng ở xa bao nhiêu thì nó di chuyển ra xa chúng ta càng nhanh bấy nhiêu.

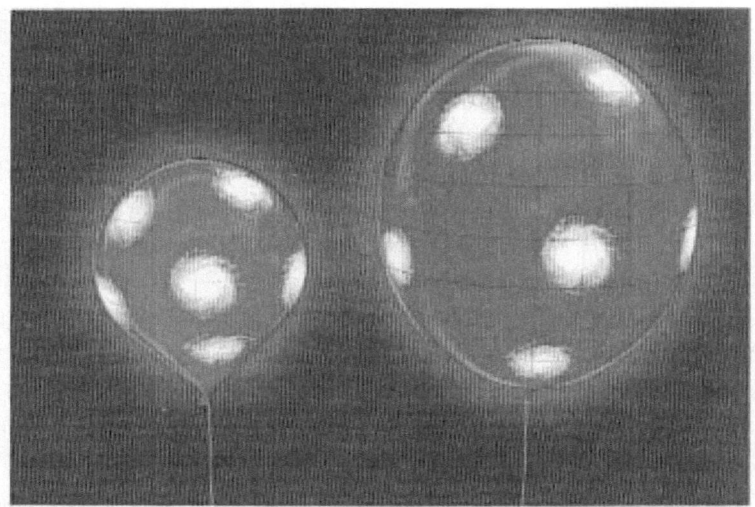

Balloon Universe Distant galaxies recede from us as if the cosmos were all on the surface of a giant balloon.

Điều quan trọng là phải nhận thức rằng sự bành trướng của vũ trụ không ảnh hưởng đến kích thước của những vật thể như thiên hà, tinh tú, táo, nguyên tử, hay các vật thể khác được giữ lại với nhau bởi một lực nào đó. Ví dụ, nếu chúng ta nhốt một đám thiên hà trong một vòng tròn trên bong bóng, thì vòng tròn đó sẽ không bành trướng ra khi bong bóng nở ra. Rõ hơn, vì những thiên hà được sức hút của trọng lực buộc lại, vòng tròn và những thiên hà bên trong nó sẽ giữ kích thước và hình thù khi bong bóng phình ra. Điều này quan trọng vì chúng ta chỉ có thể phát hiện sự bành trướng nếu những dụng cụ đo lường của chúng ta có những kích

Chương VI: Vũ Trụ của Chúng Ta

thước nhất định. Nếu mọi vật được tự do bành trướng, thì chúng ta, những thước đo của chúng ta, những phòng thí nghiệm của chúng ta, và nhiều thứ khác, tất cả sẽ bành trướng theo tỉ lệ và chúng ta sẽ không thấy một khác biệt nào.

Phương Trình Einstein

Việc vũ trụ bành trướng có một ý nghĩa thời sự đối với Einstein. Nhưng khả năng những thiên hà di chuyển xa ra nhau đã từng được đưa ra một ít năm trước những tài liệu Hubble; những tài liệu nầy, trên căn bản lý thuyết, phát xuất từ chính những phương trình của Einstein. Năm 1922, vật lý gia kim toán học gia người Nga Alexander Friedmann điều tra những gì sẽ xảy ra trong một mô hình vũ trụ dựa trên hai giả định đã đơn giản lớn lao toán học: vũ trụ trông giống nhau trong mọi phương hướng, và nó trông như thế từ mọi điểm quan sát. Chúng ta biết rằng giả định đầu tiên của Friedmann không hoàn toàn đúng - rất may vũ trụ không đồng bộ (uniform) ở mọi nơi! Nếu chúng ta nhìn lên trong một hướng, chúng ta có thể thấy mặt trời; trong một hướng khác, mặt trăng hay một đàn dơi hút máu đang chuyển vùng. Nhưng đúng là vũ trụ đại để trông giống nhau trong mọi phương hướng khi được nhìn trên một quy mô (scale) rộng lớn hơn nhiều – rộng lớn hơn cả khoảng cách giữa những thiên hà. Đó gần tương tự như nhìn xuống một cánh rừng. Nếu đến đủ gần, bạn có thể phân biệt được những chiếc lá, hay ít nhất những khoảng cách giữa chúng. Nhưng nếu xa đến độ khi đưa ngón tay cái ra nó che được một dặm vuông rừng cây thì cánh rừng sẽ trông giống như một hình thù màu xanh lá cây đồng bộ.

Dựa trên những giả định của mình, Friedmann có thể khám phá một giải pháp cho những phương trình của Einstein trong đó vũ trụ bành trướng theo cách mà Hubble sẽ thấy là đúng. Đặc biệt, vũ trụ theo mô hình Friedmann bắt đầu với kích thước *zero* và bành trướng cho đến khi sức hút của trọng lực làm chậm lại và cuối cùng khiến nó sụp đổ trên chính nó. (Nhưng lại có hai loại giải pháp khác cho những phương trình của Einstein cũng thỏa mãn được những giả đoán của mô hình Friedmann, một tương ứng với một vũ trụ trong đó sự bành trướng tiếp tục mãi mãi, mặc dù nó đi chậm một ít, và giải pháp kia tương ứng với một vũ trụ trong đó nhịp độ bành trướng chậm dần cho đến *zero*, nhưng không bao giờ bằng *zero*.)

Friedmann chết một ít năm sau khi thực hiện công trình của ông, và những tư tưởng của ông phần lớn không được ai biết đến cho đến sau khi có những khám phá Hubble. Nhưng vào năm 1927, một giáo sư vật lý và là linh mục Thiên Chúa Giáo La Mã tên Georges Lemaître đưa ra một tư tưởng tương tự: Nếu bạn đi ngược dòng lịch sử vũ trụ về quá khứ, vũ trụ càng lúc càng nhỏ bé lại cho đến khi bạn gặp phải một biến cố sáng thế (creation event) – điều mà chúng ta ngày nay gọi là *big bang*.

Fred Hoyle

Không phải ai cũng thích thuyết *big bang*. Thực thế, từ "*big bang*" được sáng chế năm 1949 do thiên văn vật lý gia đại học Cambridge tên Fred Hoyle, người tin vào một vũ trụ bành trướng vĩnh viễn, và dùng từ nầy như một mô tả hài hước. Những quan sát trực tiếp đầu tiên hỗ trợ tư tưởng đó không thấy có cho mãi đến năm 1965, khi người ta khám phá ra rằng có một bối cảnh mờ nhạt (faint background) gồm những sóng vi ba (microwaves) khắp không gian. Bức xạ bối cảnh vi ba vũ trụ nầy, hay CMBR – *cosmic microwave background radiation*, chính là bức xạ trong lò *microwave* của bạn, nhưng yếu hơn nhiều. Bạn có thể tự quan sát được CMBR bằng cách vặn truyền hình của bạn đến một kênh trống – một số tuyết trên màn hình là do bức xạ đó gây ra. Bức xạ được tình cờ khám phá bởi hai khoa học gia của Bell

Chương VI: Vũ Trụ của Chúng Ta

Labs đang cố gắng loại bỏ những nhiễu như thế khỏi những cây ăng-ten vi ba của họ. Thoạt đầu họ nghĩ nhiễu có thể đến từ cứt chim bồ câu đậu trong máy của họ, nhưng hóa ra vấn đề có một nguồn gốc hấp dẫn hơn – CMBR là bức xạ tàn sót lại từ vũ trụ sơ khai rất nóng và tỉ trọng rất lớn có lẽ đã tồn tại ít lâu sau thời kỳ *big bang*. Trong khi vũ trụ bành trướng, nó nguội cho đến khi bức xạ trở thành chỉ còn là một tàn dư yếu ớt như chúng ta thấy ngày nay. Hiện tại, những sóng vi ba nầy chỉ có thể nung thức ăn của bạn lên khoảng -270 độ C – tức 3 độ trên không độ tuyệt đối, không thể dùng rang bắp được.

Các nhà thiên văn cũng đã tìm ra những chỉ dấu khác hỗ trợ thuyết *big bang* liên quan đến một vũ trụ sơ khai bé nhỏ và nóng. Ví dụ, trong phút đầu tiên hay đại để như thế, vũ trụ có thể đã nóng hơn trung tâm của một tinh tú điển hình. Trong giai đoạn đó toàn thể vũ trụ có thể đã hoạt động như một lò phản ứng nguyên tử,. Những phản ứng có thể đã ngưng lại khi vũ trụ bành trướng và đủ nguội, nhưng lý thuyết tiên đoán rằng hiện tượng nầy có thể đã để lại một vũ trụ chủ yếu gồm có *hydrogen*, nhưng cũng có khoảng 23 phần trăm *helium*, với những dấu vết của *lithium* (tất cả những yếu tố nặng được tạo ra sau nầy, bên trong những tinh tú). Sự tính toán phù hợp tốt với số lượng *helium*, *hydrogen*, và *lithium* mà chúng ta quan sát.

Những đo lường về độ phong phú của *helium* và CMBR cung ứng bằng chứng thuyết phục cho thuyết *big bang* về vũ trụ rất sơ khai, nhưng mặc dù người ta có thể nghĩ về thuyết *big bang* như một mô tả giá trị của những thời kỳ sơ khai, thật sai lầm nếu chấp nhận thuyết *big bang* trong tổng thể của nó, nghĩa là, nếu nghĩ rằng lý thuyết của Einstein có thể cung ứng một bức tranh thực về một *nguồn gốc* của vũ trụ. Đó là vì tổng thuyết tương đối tiên đoán có một thời điểm tại đó nhiệt độ, tỉ trọng, và độ cong của vũ trụ tất cả đều vô cực, một tình trạng mà các nhà toán học gọi là một đơn trạng (singularity). Đối với một vật lý gia điều nầy có nghĩa là lý thuyết của Einstein sụp đổ tại điểm đó và do đó không thể được xử dụng để tiên đoán vũ trụ bắt đầu ra sao, chỉ tiên đoán nó tiến hóa ra sao sau nầy mà thôi. Cho nên, mặc dù chúng ta có thể xử dụng những phương trình của tổng thuyết tương đối và những quan sát của chúng ta về vũ trụ để tìm hiểu về vũ trụ thời kỳ ban sơ, quả không đúng nếu kéo bức tranh *big bang* ngược về khởi điểm.

Giai đoạn Trương Nở

Chúng ta sẽ đề cập vấn đề nguồn gốc vũ trụ sau, nhưng trước tiên cần nói qua về giai đoạn sơ khởi của bành trướng. Các vật lý gia gọi giai đoạn đó là giai đoạn trương nở (*inflation*). Trừ phi bạn sống ở Zimbabwe, nơi lạm phát tiền tệ vừa qua vượt quá 200,000,000 phần trăm, từ *inflation* có thể không ghe quá nổ. Nhưng theo những ước tính ngay cả bảo thủ, trong giai đoạn trương nở của vũ trụ, vũ trụ bành trướng theo nhịp độ một ngàn tỉ tỉ tỉ trong mười phần tỉ tỉ tỉ tỉ giây. Đó tương tự như một đồng xu với đường kính 1 centimet bỗng nhiên nổ ra bằng mười triệu lần lớn hơn bề ngang của dải Ngân Hà. Đó có thể dường như vi phạm thuyết tương đối, vì thuyết nầy bảo rằng không có cái gì có thể đi nhanh hơn ánh sáng, nhưng giới hạn vận tốc đó không áp dụng cho sự bành trướng của chính không gian.

Tư tưởng cho rằng một thời kỳ trương nở như vậy có thể đã xảy ra được đưa ra lần đầu tiên vào năm 1980, dựa trên những nghiên cứu vượt quá tổng thuyết tương đối của Einstein, và xem xét những phương diện của thuyết *quantum*. Vì chúng ta không có một lý thuyết *quantum* hoàn chỉnh về trọng lực, những chi tiết hãy còn đang nghiên cứu, và các vật lý gia không chắc chắn hiện tượng trương nở chính xác xảy ra thế nào. Nhưng theo lý thuyết, sự bành trướng gây ra bởi sự trương nở sẽ không hoàn toàn đồng bộ, như thuyết *big bang* cổ truyền tiên đoán. Những bất đồng bộ nầy sẽ tạo

Chương VI: Vũ Trụ của Chúng Ta

ra những thay đổi bé nhỏ trong nhiệt độ của CMBR trong những phương hướng khác nhau. Những thay đổi quá nhỏ nên không thể quan sát được trong những năm 1960, nhưng chúng được vệ tinh COBE của cơ quan NASA khám phá lần đầu tiên năm 1992, và sau đó được đo lường bởi vệ tinh kế vị là WMAP phóng đi năm 2001. Kết quả là ngày nay chúng ta yên tâm rằng trương nở thực sự có xảy ra.

Mỉa mai thay, mặc dù những thay đổi nhỏ bé trong CMBR là bằng chứng của trương nở, một lý do khiến trương nở trở nên một khái niệm quan trọng là do sự đồng bộ gần như tuyệt hảo trong nhiệt độ của CMBR. Nếu bạn làm cho một phần của một vật thể nóng hơn chung quanh và sau đó chờ đợi, điểm nóng sẽ nguội dần và những phần chung quanh nó nóng hơn cho đến khi nhiệt độ của vật thể đồng bộ trên toàn phần. Tương tự, người ta có thể mong đợi vũ trụ cuối cùng sẽ có một nhiệt độ đồng bộ. Nhưng tiến trình nầy mất nhiều thời gian, và nếu trương nở không xảy ra thì sẽ không có đủ thời gian trong lịch sử vũ trụ để sức nóng tại những vùng rải rác rộng lớn bằng nhau, giả định vận tốc của truyền tải nhiệt như thế bị giới hạn bởi vận tốc ánh sáng. Một giai đoạn bành trướng rất nhanh (nhanh hơn vận tốc ánh sáng nhiều) cứu vãn tình hình đó vì sẽ có đủ thời gian để tiến trình đồng bộ xảy ra trong vũ trụ cực nhỏ sơ khai có trước trương nở.

Thuyết Quantum

Thuyết trương nở giải thích vụ nổ (bang) trong *big bang*, ít nhất theo nghĩa là sự bành trướng mà nó tượng trưng là cực độ hơn nhiều so với sự bành trướng được tiên đoán trong phiên bản cổ truyền của tổng thuyết tương đối trong khoảng thời gian trương nở xảy ra. Vấn đề là, muốn những mô hình lý thuyết về trương nở làm việc, trạng thái ban đầu của vũ trụ phải được thiết trí một cách rất đặc biệt và khả thể. Như thế thuyết trương nở giải quyết được một số vấn đề nhưng lại tạo ra một vấn đề khác – điều kiện cần cho một trạng thái

Chương VI: Vũ Trụ của Chúng Ta

rất đặc biệt. Vấn đề thời điểm *zero* đó được loại bỏ trong lý thuyết sáng tạo vũ trụ mà chúng ta sẽ mô tả. Vì chúng ta không thể mô tả sáng thế bằng cách dùng tổng thuyết tương đối của Einstein, nếu chúng ta muốn mô tả nguồn gốc của vũ trụ, tổng thuyết tương đối phải được thay thế bằng một thuyết hoàn chỉnh hơn cho dù tổng thuyết tương đối không sụp đổ, vì tổng thuyết tương đối không xem xét cấu trúc vật chất ở quy mô nhỏ (small-scale structure), bị chi phối theo thuyết *quantum*.

Chúng ta đã trình bày trong chương bốn rằng vì hầu hết những mục tiêu thực tiễn, thuyết *quantum* không có liên quan nhiều với sự nghiên cứu liên quan đến cấu trúc ở quy mô lớn của vũ trụ vì thuyết *quantum* áp dụng cho sự mô tả thiên nhiên trên quy mô vi mô (microscopic scale). Nhưng nếu bạn ngược dòng thời gian đủ xa, vũ trụ nhỏ bằng kích

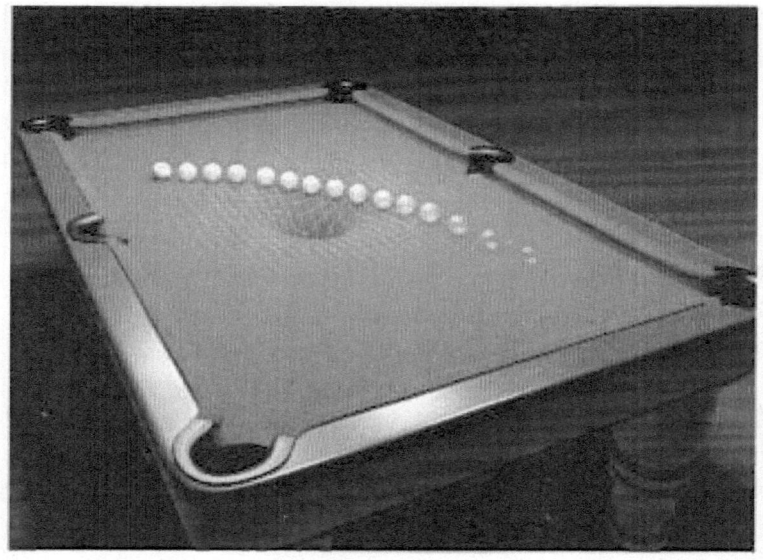

Space Warp Matter and energy warp space, altering the paths of objects.

thước *Planck* (*Planck size*), một phần tỉ tỉ tỉ tỉ tỉ của một centimet, tức là quy mô trên đó thuyết *quantum* làm việc. Do đó mặc dù chúng ta chưa có một lý thuyết *quantum* hoàn

Chương VI: Vũ Trụ của Chúng Ta

chỉnh về trọng lực, chúng ta vẫn biết rằng nguồn gốc của vũ trụ là một biến cố *quantum*. Kết quả, đúng như khi chúng ta phối hợp thuyết *quantum* và tổng thuyết tương đối - ít nhất tạm thời – để rút ra một lý thuyết trương nở, nếu chúng ta muốn đi ngược dòng xa hơn nữa và muốn tìm hiểu nguồn gốc của vũ trụ, chúng ta phải phối hợp những gì mà chúng ta viết về tổng thuyết tương đối với thuyết *quantum*.

Muốn thấy phương thức nầy làm việc thế nào, chúng ta cần hiểu nguyên lý theo đó trọng lực uốn cong không gian và thời gian. Bạn thử tưởng tượng vũ trụ là bề mặt của một bàn bi da phẳng. Mặt bàn là một không gian phẳng, ít nhất trong hai chiều. Nếu bạn lăn một quả bi trên bàn thì nó sẽ đi theo một đường thẳng. Nhưng nếu bàn trở nên cong hay lủng lỗ ở chiều chỗ thì, như trong hình bên trên, quả bi sẽ đi vòng.

Dễ nhận thấy bàn bi da cong thế nào trong ví dụ nầy, vì nó uốn cong vào một chiều thứ ba bên ngoài, như chúng ta có thể thấy. Vì chúng ta không thể bước ra khỏi không-thời-gian của chính chúng ta để nhìn thấy độ cong, nên độ cong không-thời-gian trong vũ trụ khó tưởng tượng hơn. Nhưng độ cong có thể phát hiện được cho dù bạn không thể bước ra ngoài và nhìn thấy nó từ viễn tượng của một không gian rộng lớn hơn. Nó có thể được phát hiện từ bên trong của chính không gian. Bạn thử tưởng tượng một con kiến cực nhỏ (micro-ant) bị giam vào mặt phẳng của cái bàn.

Chương VI: Vũ Trụ của Chúng Ta

Cho dù không có khả năng ra khỏi cái bàn, con kiến có thể phát hiện độ cong bằng cách vẽ đồ hình (chart) những khoảng cách một cách chính xác. Ví dụ, khoảng cách chung quanh một vòng tròn trong không gian phẳng luôn luôn khoảng hơn ba lần lớn hơn khoảng cách xuyên qua đường kính (bội số thực sự là π). Nhưng nếu con kiến băng ngang một vòng tròn bao quanh cái giếng trong hình, thì nó sẽ thấy rằng khoảng cách băng ngang dài hơn nó tưởng, một phần ba dài hơn đường vòng chung quanh. Thực vậy, nếu cái giếng đủ sâu, con kiến sẽ thấy rằng đi vòng chung quanh sẽ *ngắn hơn* là đi băng ngang. Điều đó cũng đúng khi nói về độ cong

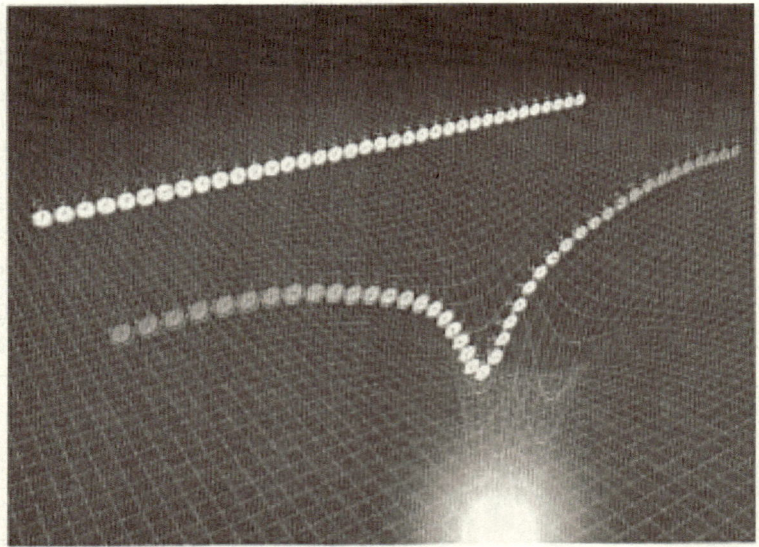

Space-time Warp Matter and energy warp time and cause the time dimension to "mix" with the space dimensions.

trong vũ trụ - nó căng dài hay rút ngắn khoảng cách giữa những điểm trong không gian, thay đổi hình học hay hình dáng của nó theo một cách có thể đo lường được từ bên trong vũ trụ. Độ cong của thời gian căng dài hay rút ngắn những khoảng thời gian theo cùng một cách như thế.

Chương VI: Vũ Trụ của Chúng Ta

Sau khi được trang bị với những tư tưởng nầy, chúng ta hãy trở lại với vấn đề khởi nguyên của vũ trụ. Chúng ta có thể nói về không gian và thời gian một cách riêng biệt, như chúng ta đã làm, trong những hoàn cảnh liên quan đến những vận tốc chậm và trọng lực yếu. Tuy nhiên, nói chung, thời gian và không gian có thể trở thành xoắn xít (intertwined) với nhau, và như thế sự căng dài hay rút ngắn của chúng cũng liên quan đến một số pha lẫn nào đó. Điều nầy quan trọng trong vũ trụ sơ khai và là chìa khóa để hiểu sự bắt đầu của thời gian.

Tổng Thuyết của Einstein

Vấn đề bắt đầu của thời gian ít nhiều hơi giống với vấn đề biên giới vũ trụ. Khi con người nghĩ rằng thế giới là phẳng, người ta có thể đã thắc mắc có phải biển đổ nước lên biên giới đó hay không. Điều nầy đã được kiểm chứng qua thực nghiệm: Người ta có thể đi chung quanh thế giới và không rơi ra ngoài. Vấn đề những gì xảy ra tại biên giới thế giới đã được giải quyết khi con người nhận thấy rằng thế giới không phải là một đĩa phẳng, nhưng là một mặt cong. Tuy nhiên, thời gian hình như giống như một đường rây mẫu (model railway track). Nếu nó có một bắt đầu, thì phải có một ai đó (nghĩa là Thượng Đế) điều khiển nó chạy. Mặc dù tổng thuyết của Einstein thống nhất thời gian và không gian như không-thời-gian và đả động đến một pha trộn nào đó giữa không và thời gian, thời gian vẫn khác với không gian, và mỗi cái hoặc có một bắt đầu và một kết thúc hoặc cứ đi mãi. Tuy nhiên, một khi chúng ta đưa thêm những hệ quả của thuyết *quantum* vào với tổng thuyết tương đối, trong những trường hợp cực điểm (extreme cases) sự uốn cong có thể xảy ra đến một lúc thời gian hành xử giống như những chiều không gian khác.

Trong vũ trụ sơ khai – khi vũ trụ còn đủ nhỏ để bị chi phối bởi cả tổng thuyết tương đối và thuyết *quantum* – thực sự có bốn chiều không gian và không có chiều thời gian nào cả. Điều đó có nghĩa là khi chúng ta nói về "khởi thủy" của vũ trụ, chúng ta lẩn tránh vấn đề tế nhị là khi chúng ta nhìn ngược về vũ trụ ban sơ, thời gian theo như chúng ta biết không hiện hữu. Chúng ta phải chấp nhận rằng những tư tưởng thông thường của chúng ta về không gian và thời gian không áp dụng cho vũ trụ sơ khai. Điều đó vượt quá kinh nghiệm của chúng ta, nhưng không vượt quá trí tưởng tượng của chúng ta, hay toán học của chúng ta. Nếu trong vũ trụ sơ khai tất cả bốn chiều hành xử giống như không gian, những gì xảy ra trong khởi thủy của thời gian?

Nhận thức cho rằng thời gian có thể hành xử như một chiều khác của không gian có nghĩa là người ta có thể gạt bỏ vấn đề thời gian có một bắt đầu, theo cách tương tự như cách chúng ta gạt bỏ biên giới của trái đất. Giả sử khởi thủy của vũ trụ giống như Nam Cực của trái đất, với những độ vĩ tuyến đóng vai trò thời gian. Khi người ta di chuyển về hướng bắc, những vòng của vĩ tuyến cố định, tượng trưng cho kích thước của vũ trụ, sẽ bành trướng ra. Vũ trụ sẽ bắt đầu như một điểm tại Nam Cực, nhưng Nam Cực thì giống bất kỳ điểm nào khác rất nhiều. Câu hỏi những gì đã xảy ra trước khi vũ trụ bắt đầu sẽ trở nên vô nghĩa, vì không có nam của Nam Cực. Trong bức tranh đó, không-thời-gian không có biên giới – những định luật thiên nhiên là một tại Nam Cực hay tại những nơi khác. Tương tự, khi người ta phối hợp tổng thuyết tương đối với thuyết *quantum*, câu hỏi những gì xảy ra trước khi vũ trụ bắt đầu trở thành vô nghĩa. Tư tưởng nầy - tức tưởng cho rằng những lịch sử là những mặt phẳng khép kín không có biên giới - được gọi là điều kiện không biên giới (no-boundary condition).

Hiện Hữu của Thượng Đế

Qua nhiều thế kỷ, nhiều người, kể cả Aristote, đều tin rằng vũ trụ phải đã luôn luôn có sẵn để tránh câu hỏi nó được thiết kể ra sao. Những người khác tin rằng vũ trụ có một bắt đầu, và xử dụng bắt đầu đó như một luận cứ chứng minh sự hiện hữu của Thượng Đế. Nhận thức cho rằng thời gian hành xử như không gian đưa ra một thuyết mới khác. Thuyết nầy loại bỏ sự phản đối cũ kỹ đối với thuyết vũ trụ cho rằng có một bắt đầu, nhưng cũng muốn nói rằng sự bắt đầu của vũ trụ được chi phối bởi những định luật khoa học và không cần thần thánh nào khởi động.

Biến cố Quantum

Nếu nguồn gốc của vũ trụ là một biến cố *quantum*, thì nó sẽ được mô tả một cách chính xác bởi thuyết hướng trình tổng sóng (sum over histories) của Feynman. Tuy nhiên, hơi khó áp dụng thuyết *quantum* cho toàn thể vũ trụ - nơi những quan sát viên là một phần của hệ thống được quan sát. Trong chương bốn, chúng ta đã thấy phương thức những đơn tử vật chất được bắn vào một màn chắn với hai khe có thể trưng ra những biểu mẫu nhiễu (interference patterns) như những sóng nước. Feynman cho thấy rằng hiện tượng nầy xảy ra là vì một đơn tử không có một lịch sử duy nhất, Nghĩa là, khi nó di chuyển từ khởi điểm *A* đến một điểm đến *B* nào đó, nó không đi theo một hướng trình nào nhất định, mà đúng hơn cùng một lúc đi theo mọi hướng trình nối liền hai điểm. Từ quan điểm đó, nhiễu không phải là điều ngạc nhiên vì, chẳng hạn, đơn tử có thể đi qua cả hai khe cùng một lúc và nhiễu với chính nó.

Khi áp dụng vào chuyển động của một đơn tử, phương pháp của Feynman nói với chúng ta rằng muốn tính xác suất của bất kỳ một điểm đến nào, chúng ta cần xem xét tất cả những lịch sử khả thể mà đơn tử có thể đi theo từ khởi điểm đến điểm đến đó. Người ta cũng có thể xử dụng những phương pháp của Feynman để tính những xác suất *quantum* đối với những quan sát vũ trụ.

Nếu chúng được áp dụng cho vũ trụ như một tổng thể, thì không có điểm A, do đó chúng ta cọng gộp tất cả những lịch sử thỏa mãn được điều kiện không biên giới và kết thúc tại vũ trụ mà chúng ta quan sát ngày nay. Trong quan điểm nầy, vũ trụ xuất hiện một cách tự phát (spontaneously), bắt đầu xuất phát bằng mọi cách. Đa số những cách nầy tương ứng với những vũ trụ khác. Trong khi một số những vũ trụ đó tương tự với vũ trụ của chúng ta, đa số rất khác. Chúng không chỉ khác trong chi tiết, như Elvis chết trẻ hay chết già hay cải củ có phải là thức ăn sa mạc hay không, nhưng đúng hơn chúng khác nhau ngay trong những định luật hiển nhiên về thiên nhiên (apparent laws of nature). Thực tế, nhiều vũ trụ hiện hữu với nhiều hệ định lật vật lý khác nhau.

Thuyết hướng trình tổng sóng

Một số người biến tư tưởng nầy thành một bí ẩn lớn lao, đôi khi được gọi là quan niệm đa vũ trụ (multiverse concept), nhưng đây chỉ là những thể hiện khác nhau của thuyết hướng trình tổng sóng của Feynman. Để minh họa điều nầy, chúng ta hãy sửa đổi ẩn dụ bong bóng của Eddington và thay vì thế suy nghĩ về vũ trụ bành trướng như mặt phẳng của một bóng nước (bubble). Bức tranh của sáng thế *quantum* tự phát về vũ trụ bây giờ tựa như đám bong bóng hơi nước trong nước sôi. Nhiều bong bóng nhỏ xuất hiện, và sau đó biến mất trở lại. Những bong bóng nầy tượng trưng cho những vũ trụ tí hon (mini- universes) bành trướng nhưng sụp đổ trở lại trong khi kích thước hãy còn quá nhỏ, Chúng tượng trưng cho những vũ trụ tương ứng khả thể (possible alternative universes), nhưng chúng không đáng quan tâm nhiều vì chúng không sống đủ lâu để phát triển những thiên hà và tinh tú, đừng nói đến sự sống. Tuy nhiên, một ít bong bóng nhỏ sẽ phát triển đủ lớn sao cho chúng sẽ được an toàn không bị sụp đổ trở lại. Chúng sẽ tiếp tục bành trướng theo một nhịp độ gia tăng mãi mãi và sẽ tạo ra những bong bóng hơi nước mà nói đến sự sống. Tuy nhiên, một ít bong bóng nhỏ sẽ phát

Chương VI: Vũ Trụ của Chúng Ta

triển đủ lớn sao cho chúng sẽ được an toàn không bị sụp đổ trở lại. Chúng sẽ tiếp tục bành trướng theo một nhịp độ gia tăng mãi mãi và sẽ tạo ra những bong bóng hơi nước mà

Multiverse Quantum fluctuations lead to the creation of tiny universes out of nothing. A few of these reach a critical size, then expand in an inflationary manner, forming galaxies, stars, and, in at least one case, beings like us.

chúng ta có thể thấy. Những bong bóng nầy tương ứng với những vũ trụ bắt đầu bành trướng theo một nhịp độ gia tăng mãi mãi – nói cách khác, những vũ trụ trong một trạng tái trương nở.

Như chúng tôi đã nói, sự bành trướng gây ra do trương nở sẽ không hoàn toàn đồng bộ, Theo thuyết hướng trình tổng sóng, chỉ có một lịch sử hoàn toàn đồng bộ và điều hòa (uniform and regular), và nó sẽ có xác suất lớn nhất, nhưng nhiều lịch sử khác hơi bất điều hòa sẽ có những xác suất gần cao như thế. Đó là tại sao thuyết trương nở tiên đoán rằng vũ trụ sơ khai có khả năng hơi không đồng bộ, tương ứng với những thay đổi nhỏ trong nhiệt độ được quan sát trong

Chương VI: Vũ Trụ của Chúng Ta

CMBR. Những bất đồng đều trong vũ trụ sơ khai là may mắn đối với chúng ta. Tại sao? Đồng bộ là điều tốt nếu bạn không muốn kem tách riêng ra khỏi sữa của bạn, nhưng một vũ trụ đồng bộ là một vũ trụ nhàm chán.

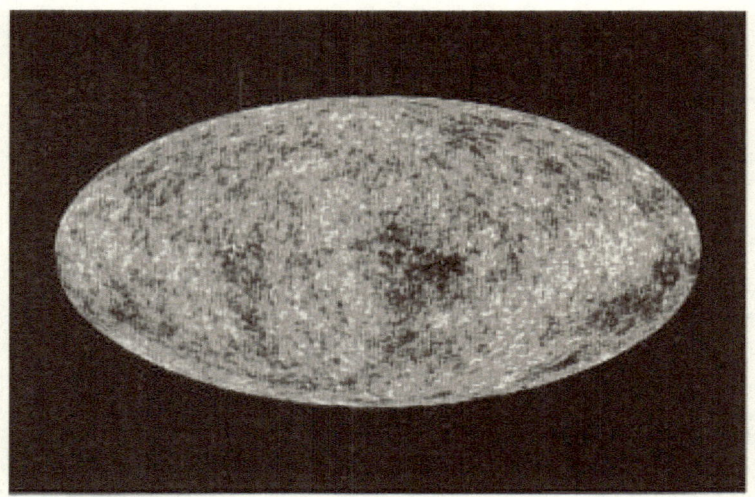

The Microwave Background. This picture of the sky was created from seven years of WMAP data released in 2010. It reveals temperature fluctuations—shown as color differences—dating back 13.7 billion years. The fluctuations pictured correspond to temperature differences of less than a thousandth of a degree on the Centigrade scale. Yet they were the seeds that grew to become the galaxies. Credit: NASA/WMAP Science Team.

Tỉ Trọng thặng dư

Những bất đồng đều trong vũ trụ sơ khai là quan trọng vì nếu một số vùng nào đó có tỉ trọng hơi cao hơn những vùng khác, sức hút của trọng lực do tỉ trọng thặng dư sẽ làm cho bành trướng của vùng đó chậm lại so với chung quanh. Khi trọng lực từ từ kéo vật chất lại với nhau, nó cuối cùng có thể làm cho nó sụp đổ để tạo nên những thiên hà và tinh tú, rồi đưa đến những hành tinh và con người, ít nhất trong một cơ hội. Do đó hãy nhìn kỹ vào bản đồ của bầu trời sóng vi ba. Chúng ta là sản phẩm của những dao động *quantum* (*quantum fluctuations*) trong vũ trụ tối sơ khai. Nếu là một tín đồ, người ta có thể nói rằng Thượng Đế thực sự chơi trò sấp ngửa (God really does play die).

Tư duy về lịch sử vũ trụ

Tư tưởng nầy đưa chúng ta đến một quan điểm vũ trụ hoàn toàn khác với quan niệm cổ truyền, đòi hỏi chúng ta sửa đổi cách suy nghĩ của chúng ta về lịch sử vũ trụ. Muốn thực hiện những tiên đoán trong vũ trụ, chúng ta cần tính toán những xác suất của những trạng thái khác nhau của toàn thể vũ trụ trong hiện tại. Trong vật lý học, người ta thường giả định một trạng thái sơ khởi nào đó cho một hệ thống và cho nó tiến hóa theo thời gian bằng cách xử dụng những phương trình toán học. Cho biết trạng thái của một hệ thống tại một thời điểm, người ta tìm cách tính toán xác suất mà hệ thống sẽ đi vào một trạng thái nào đó khác sau nầy. Giả định thông thường trong vũ trụ học là vũ trụ có một lịch sử duy nhất nhất định. Người ta có thể dùng những định luật của vật lý học để tính toán lịch sử nầy phát triển thế nào với thời gian. Chúng ta gọi điều nầy là phương án đi từ dưới lên (bottom-up approach) của vũ trụ học. Nhưng vì chúng ta phải xem xét bản chất *quantum* của vũ trụ theo diễn tả trong thuyết hướng trình tổng sóng của Feynman, biên độ xác suất (probability amplitude) mà vũ trụ ngày nay ở trong một trạng thái đặc biệt được tính bằng cách cộng gộp những đóng góp từ tất cả những lịch sử nào thỏa mãn được điều kiện không biên giới và kết thúc trong trạng thái liên hệ. Nói cách khác, trong vũ trụ học, người ta không đi theo lịch sử vũ trụ từ dưới lên vì điều đó giả định có một lịch sử duy nhất, với một điểm đi và tiến hóa nhất định. Thay vì thế, người ta phăng (trace) những lịch sử từ trên xuống, lùi lại từ hiện tại. Một số lịch sử sẽ có xác suất cao hơn những lịch sử khác, và tổng số thường sẽ bị chế ngự (dominated) bởi một lịch sử duy nhất khởi đi từ sáng thế vũ trụ và kết thúc trong trạng thái được

Chương VI: Vũ Trụ của Chúng Ta

xem xét. Nhưng sẽ có những lịch sử khác nhau cho những trạng thái khả thể khác nhau của vũ trụ trong hiện tại. Điều này đưa đến một quan điểm hoàn toàn khác biệt về vũ trụ, và quan hệ nhân quả. Những lịch sử nào đóng góp cho tổng số Feynman không có một hiện hữu độc lập, nhưng tùy thuộc vào những gì được đo lường. Chúng ta tạo ra lịch sử bằng quan sát, thay vì lịch sử tạo ra chúng ta.

Tư tưởng cho rằng vũ trụ không có một lịch sử duy nhất độc lập với người quan sát có thể hình như mâu thuẫn với một số sự kiện mà chúng ta biết. Có thể có một lịch sử trong đó mặt trăng không làm bằng phó mác, điều này gây khó chịu cho những chú chuột. Như thế những lịch sử trong đó mặt trăng không làm bằng phó mác không đóng góp cho hiện trạng của vũ trụ, mặc dù chúng có thể đóng góp cho những trạng thái khác. Điều đó có thể nghe ra giống như khoa học giả tưởng, nhưng không phải thế.

Một hàm ngụ quan trọng của phương án đi từ trên xuống là những định luật hiển nhiên của thiên nhiên tùy thuộc vào lịch sử của vũ trụ. Nhiều khoa học gia tin có một lý thuyết duy nhất có thể giải thích những định luật đó cũng như những hằng số vật lý của thiên nhiên, như trọng khối của *electron* hay bản chất của các chiều không-thời-gian. Nhưng vũ trụ học đi từ trên xuống bảo rằng những định luật hiển nhiên của thiên nhiên thì khác nhau đối với những lịch sử khác nhau.

Thử xem xét chiều hiển nhiên của vũ trụ. Theo thuyết *M-theory*, không-thời-gian có mười chiều không gian và một chiều thời gian. Điều đó có nghĩa là bảy trong số những chiều không gian được uốn cong vào rất nhỏ nên chúng ta không để ý thấy, khiến chúng ta có ảo tưởng rằng tất cả những gì hiện hữu đều ở trong ba chiều lớn kia mà chúng ta quen thuộc. Một trong những câu hỏi trọng tâm công khai trong thuyết *M-theory* là: Tại sao, trong vũ trụ của chúng ta không có nhiều chiều lớn hơn, và tại sao những chiều lại bị uốn cong?

Biên độ xác suất *quantum*

Nhiều người thường tin rằng có một then máy nào đó khiến cho tất cả mọi chiều không gian phải cong cùng một lúc, ngoại trừ ba chiều lớn. Hay, có lẽ tất cả chiều đều nhỏ cả lúc bắt đầu, nhưng vì lý do bí ẩn nào đó ba chiều không gian bành trướng và số còn lại thì không. Tuy nhiên, hình như không có lý do năng động (dynamical reason) nào khiến vũ trụ xuất hiện với bốn chiều. Thay vì thế, vũ trụ học đi từ trên xuống tiên đoán rằng con số những chiều không gian không xác định bởi một nguyên tắc vật lý nào cả. Sẽ có một biên độ xác suất *quantum* cho mọi con số của những chiều không gian từ *zero* đến mười. Tổng số Feynman trù bị cho tất cả những chiều nầy, cho mọi lịch sử khả thể của vũ trụ, nhưng quan sát cho thấy rằng vũ trụ của chúng ta có ba chiều lớn lọc riêng ra thứ loại (subclass) của những lịch sử đã có thuộc tính đang được quan sát. Nói cách khác, xác suất *quantum* mà vũ trụ có ít hay nhiều hơn ba chiều không gian lớn không liên quan gì cả, vì chúng ta đã xác định rằng chúng ta đang ở trong một vũ trụ với ba chiều không gian lớn. Do đó, bao lâu biên độ xác suất cho ba chiều không gian lớn không chính xác là *zero*, thì biên độ đó lớn nhỏ thế nào so với biên độ của những con số các chiều khác không còn quan trọng. Đó tương tự như hỏi về biên độ xác suất mà đức giáo hoàng hiện tại là người Trung Quốc. Chúng ta biết rằng ngài là một người Đức, cho dù xác suất ngài là một người Trung Quốc cao hơn (vì có nhiều người Trung Quốc hơn người Đức). Tương tự, chúng ta biết vũ trụ của chúng ta trưng ra ba chiều không gian lớn, và như thế cho dù những con số khác của những chiều không gian lớn có thể có một biên độ lớn hơn đi nữa thì chúng ta cũng chỉ quan tâm đến những lịch sử với ba chiều.

Còn những chiều uốn cong thì sao? Xin nhớ rằng trong

thuyết *M-theory* hình thể chính xác của những chiều uốn cong còn lại, không gian bên trong, xác định cả những trị số của các định lượng vật lý như tích điện trên *electron* và bản chất của những đối tác giữa những đơn tử căn bản, nghĩa là, những lực thiên nhiên. Mọi việc sẽ trôi chảy tốt đẹp nếu thuyết *M-theory* chỉ cho phép một hình thù cho những chiều uống cong, hay có thể cho một ít, cho tất cả ngoại từ một chiều có thể được loại ra bằng một cách nào đó, chỉ để lại cho chúng ta một khả thể dành cho những lực thiên nhiên. Thay vì thế, có những biên độ xác suất cho khoảng 10^{500} không gian bên trong khác nhau (different internal spaces), mỗi không gian đưa đến những định luật và trị số khác nhau cho những hằng số vật lý.

Đối tác đơn tử

Nếu người ta xây dựng lịch sử vũ trụ từ dưới lên, không có lý do gì vũ trụ lại kết thúc với không gian bên trong cho những đối tác đơn tử (particle interactions) mà chúng ta thực sự quan sát, tức mô hình tiêu chuẩn (standard model) – của những đối tác đơn tử. Nhưng trong phương án đi từ trên xuống, chúng ta chấp nhận rằng vũ trụ hiện hữu với tất cả không gian bên trong khả thể. Trong một số vũ trụ, *electrons* có trọng lương bằng trọng lượng những quả cù (golf balls) và trọng lực mạnh hơn trọng lực của lực từ tính. Trong vũ trụ của chúng ta, mô hình tiêu chuẩn được áp dụng, với tất cả những thông số của nó. Người ta có thể tính toán biên độ xác suất cho không gian bên trong nào đưa đến mô hình tiêu chuẩn trên căn bản của điều kiện không biên giới (no-boundary condition). Cũng như với xác suất có một vũ trụ với ba chiều lớn, kích thước của biên độ nầy nhỏ lớn thế nào so với những xác suất khác không thành vấn đề vì chúng ta đã quan sát thấy rằng mô hình tiêu chuẩn mô tả vũ trụ của chúng ta.

Lý thuyết mà chúng ta mô tả trong chương nầy có thể thử

nghiệm được. Trong những ví dụ trước đây, chúng ta đã nhấn mạnh rằng những biên độ tương đối đối với những vũ trụ cực kỳ khác biệt không quan trọng, như những vũ trụ với một số lượng khác nhau trong các chiều không gian lớn. Tuy nhiên, những biên độ xác suất đối với những vũ trụ lân cận (nghĩa là tương tự) thì quan trọng. Điều kiện không biên giới hàm ngụ rằng biên độ xác suất sẽ cao nhất đối với những lịch sử trong đó vũ trụ khởi phát đi hoàn toàn phẳng phiu (smooth). Biên độ được giảm đi đối với những vũ trụ gồ ghề hơn (more irregular). Điều nầy có nghĩa là vũ trụ sơ khai có thể gần như phẳng phiu, nhưng với một ít gồ ghề nhỏ. Như chúng ta đã ghi nhận, chúng ta có thể thấy những gồ ghề nầy như những thay đổi nhỏ trong những sóng vi ba đến từ những hướng khác nhau trong bầu trời. Chúng đã được tìm thấy là phù hợp hoàn toàn với những yêu cầu chung của thuyết trương nở; tuy nhiên, cần nhiều đo lường chính xác thêm nữa để phân biệt đầy đủ thuyết đi từ trên xuống với những thuyết khác, và để quyết định nên theo hay bỏ nó. Những đo lường nầy có thể được thực hiện tốt bằng vệ tinh trong tương lai.

Trung tâm vũ trụ

Hàng trăm năm trước, con người nghĩ rằng trái đất là độc nhất, và ở tại trung tâm vũ trụ. Ngày nay chúng ta biết có hàng trăm tỉ tinh tú trong thiên hà của chúng ta, một số tinh tú nầy có những hệ hành tinh; và chúng ta cũng biết có hàng trăm tỉ thiên hà. Những kết quả được mô tả trong chương nầy cho thấy rằng chính vũ trụ của chúng ta cũng chỉ là một trong nhiều vũ trụ, và những định luật thiên nhiên không được xác định một cách duy nhất. Điều nầy chắc nghe ra chán nản đối với những ai từng hy vọng rằng một lý thuyết tối hậu (ultimate theory), lý thuyết về mọi thứ (theory of everything), sẽ tiên đoán được bản chất của vật lý học của mỗi ngày. Chúng ta không thể tiên đoán những đặc trưng riêng biệt (discrete features) như con số những chiều không gian lớn hay không gian bên trong nào xác định những định lượng vật lý (physical quantities) mà chúng ta quan sát thấy (Ví dụ, trọng lượng và tích điện của *electron* và của những đơn tử căn bản khác). Đúng hơn, chúng ta xử dụng những con số nầy để tuyển lựa những lịch sử nào đóng góp cho tổng số Feynman.

Định luật thiên nhiên

Chúng ta hình như đang đứng tại một điểm trong lịch sử khoa học, trong đó chúng ta phải thay đổi quan niệm của chúng ta về các mục tiêu và về những gì tạo ra một lý thuyết vật lý có thể chấp nhận được. Dường như những con số căn bản, và cả hình thức của những định luật thiên nhiên về thiên nhiên không được nguyên tắc vật lý hay luận lý bắt buộc phải thế nầy hay thế kia. Những thông số được tự do nhận nhiều trị số và những định luật được tự do lấy bất kỳ hình thức nào đưa đến một lý thuyết toán học nhất quán với chính nó, và chúng thực sự nhận những trị số khác nhau và những hình thức khác nhau trong những vũ trụ khác nhau. Điều đó có thể không thỏa mãn mong ước của nhân loại muốn mình đặc biệt (special) hay muốn khám phá một hệ thống hữu hiệu có thể bao gồm những định luật vật lý, nhưng đó dường như là hướng đi của thiên nhiên.

Hình như có một viễn cảnh bao la những vũ trụ khả thể. Tuy nhiên, như chúng ta sẽ thấy trong chương kế tiếp, những vũ trụ trong đó sự sống như của chúng ta có thể sinh tồn được là hiếm hoi. Chúng ta sống trong một vũ trụ trong đó sự sống có thể có, nhưng nếu vũ trụ chỉ hơi khác đi một ít thì những sinh vật như chúng ta không thể sinh tồn được. Chúng ta suy nghĩ gì về sự điều chỉnh tinh vi nầy? Đó có phải là bằng chứng cho thấy rằng vũ trụ chung quy đã được thiết kế bởi một đấng tạo hóa ân điển? Hay khoa học có một lối giải thích nào khác?

Chương VII
Phép Lạ Hiển Thị
(The Apparent Miracle)

Tổng Quát

Người Trung Hoa kể chuyện về một thời gian dưới triều đại nhà Hạ (khoảng 2205 BC – 1782 BC) khi vũ trụ của chúng ta đột ngột thay đổi. Mười mặt trời xuất hiện trên bầu trời. Con người trên trái đất đau khổ cùng cực vì sức nóng, cho nên ông vua ra lệnh cho một xạ thủ bắn cung bắn rơi những mặt trời thừa. Xạ thủ được ân thưởng một viên thuốc trường sinh bất tử, nhưng vợ ông ta đánh cắp nó mất. Vì tội nầy, bà ta bị đày lên cung trăng.

Người Trung Hoa đúng khi họ nghĩ rằng Thái Dương Hệ với mười mặt trời là không thân thiện với sự sống của con người. Ngày nay chúng ta biết rằng, có lẽ trong khi ban cho những cơ hội lớn lao làm đen da, bất kỳ Thái Dương Hệ nào có nhiều mặt trời có thể chẳng bao giờ cho phép sự sống phát triển được. Những lý do không hoàn toàn đơn giản như sức nóng nung người được tưởng tượng trong giai thoại Trung Hoa. Thực vậy, một hành tinh có thể chịu được một nhiệt độ hài hòa trong khi quay chung quanh nhiều tinh tú, ít nhất trong một thời gian nào đó. Nhưng nung nóng liên tục trong những thời gian dài, một tình trạng hình như cần thiết cho sự sống, sẽ khó có. Muốn hiểu tại sao, chúng ta hãy nhìn vào những gì xảy ra trong biểu mẫu đơn giản nhất của những hệ đa tinh tú (multi-star system), một hệ với hai mặt trời, được gọi là một hệ đôi (binary system). Khoảng một nửa trong tất

Chương VII: Phép Lạ Hiển Thị

cả những tinh tú trên trời là những thành viên của những hệ như thế. Nhưng ngay cả những hệ đôi đơn giản cũng chỉ có thể duy trì được một số loại quỹ đạo ổn định nào đó, theo dạng dưới đây. Trong mỗi quỹ đạo nầy có thể có một thời gian trong đó hành tinh sẽ hoặc nóng quá hay lạnh quá đối với sự sống. Hoàn cảnh còn tệ hại hơn trong những quần thể có nhiều tinh tú.

Thái Dương Hệ của chúng ta có những thuộc tính "may mắn" khác, nếu không có chúng những hình thức sống cao

Binary Orbits Planets that orbit binary star systems will probably have inhospitable weather, in some seasons too hot for life, in others, too cold.

cấp (sophisticated life-forms) có thể đã không bao giờ tiến hóa được. Ví dụ, những định luật Newton cho phép những quỹ đạo hành tinh hoặc là những vòng tròn hoặc là những hình bầu dục (ellipses – là những hình tròn dẹp lại, có một chiều dài hơn chiều kia). Độ dẹp của một hình bầu dục được gọi là độ lệch tâm (eccentricity), một trị số nằm giữa *zero* và 1. Độ lệch gần *zero* có nghĩa là hình trông giống một hình tròn, trong khi một độ lệch gần 1 có nghĩa là hình đó rất bẹt (flattened). Kepler bực bội về ý tưởng cho rằng những hành tinh không đi theo những vòng tròn hẳn, nhưng quỹ đạo trái đất chỉ có một độ lệch khoảng hai phần trăm, nghĩa là nó hầu như tròn. Hóa ra đó là một điều may mắn.

Eccentricities Eccentricity is a measure of how near an ellipse is to a circle. Circular orbits are friendly to life, while very elongated orbits result in large seasonal temperature fluctuations.

Những biểu mẫu thời tiết trên trái đất được chủ yếu xác định bởi độ nghiêng của trục quay trái đất so với mặt phẳng của quỹ đạo của nó chung quanh mặt trời. Vào mùa đông ở Bắc Bán Cầu, chẳng hạn, Bắc cực nghiêng ra khỏi mặt trời. Sự kiện trái đất gần mặt trời nhất vào lúc nầy – chỉ cách mặt trời 91.5 triệu *miles*, so với khoảng 94.5 triệu *miles* vào đầu tháng Sáu – có một hệ quả không đáng kể trên nhiệt độ so với hệ quả độ nghiêng của nó. Nhưng trên những hành tinh với một độ lệch quỹ đạo lớn, khoảng cách thay đổi với mặt trời đóng một vai trò lớn hơn. Ví dụ, Trên Mercury, với 20 phần trăm độ lệch, nhiệt độ cao hơn trên 200 độ F khi hành tinh ở gần nhất với mặt trời (perihelion) so với khi nó ở xa mặt trời nhất (aphelion). Thực tế, nếu độ lệch của quỹ đạo trái đất gần 1, những đại dương của chúng ta sẽ sôi lên khi chúng ta đạt đến

Chương VII: Phép Lạ Hiển Thị

điểm gần mặt trời nhất, và đóng băng khi chúng ta ở xa mặt trời nhất, khiến những kỳ nghỉ đông và nghỉ hè không thích thú lắm. Những độ lệch lớn về quỹ đạo không có lợi cho sự sống, nên chúng ta may mắn có một hành tinh trong đó độ lệch quỹ đạo gần với *zero*.

Goldilocks Zone If Goldilocks were sampling planets, she'd find only those within the green zone suitable for life. The yellow star represents our own sun. The whiter stars are larger and hotter, the redder ones smaller and cooler. Planets closer to their suns than the green zone would be too hot for life, and planets beyond it too cold. The size of the hospitable zone is smaller for cooler stars.

Chúng ta cũng may mắn trong tương quan giữa trọng khối mặt trời và khoảng cách của nó đối với chúng ta. Đó là vì trọng khối của một tinh tú xác định số năng lượng mà nó cho ra. Những tinh tú lớn nhất có một trọng khối khoảng một trăm lần trọng khối của mặt trời, trong khi những tinh tú nhỏ nhất nhẹ hơn khoảng một trăm lần. Ngoài ra, với khoảng cách hiện có giữa mặt trời và trái đất, nếu mặt trời chỉ cần nặng hơn hay nhẹ hơn 20 phần trăm, trái đất sẽ lạnh hơn Hỏa

Chương VII: Phép Lạ Hiển Thị

Tinh ngày nay hay nóng lơn Kim Tinh ngày nay.

Theo truyền thống, với bất kỳ một tinh tú nào, các khoa học gia định nghĩa vùng sinh sống được (thổ cư) như là vùng hẹp chung quanh tinh tú trong đó những nhiệt độ ở mức mà nước có thể có được. Vùng sống được đôi khi được gọi là "vùng *Goldilocks* (Goldilocks zone)," vì nhu cầu phải có nước có nghĩa là, tương tự như những cây Goldilocks, sự phát triển sự sống thông minh đòi hỏi những nhiệt độ hành tinh phải "tuyệt đối đúng (just right)". Vùng sinh sống được trong Thái Dương Hệ của chúng ta, như trong hình bên trên, rất bé nhỏ. May mắn cho chúng ta, vì những hình thức sống trên trái đất rơi vào vùng sinh sống đó!

Newton tin rằng sự kiện Thái Dương Hệ sinh sống được một cách lạ lùng không "chỉ đến từ hỗn loạn của những định luật thiên nhiên". Thay vì thế, ông nói, trật tự của vũ trụ "trước hết được Thượng Đế tạo ra và được ngài bảo tồn cho đến Ngày Nay trong cùng một trạng thái và điều kiện". Dễ hiểu tại sao người ta nghĩ vậy. Nhiều biến cố khó tin (improbable) đã góp phần tạo nên sự hiện hữu của chúng ta; sự thiết kế thân nhân loại (human-friendly design) của thế giới chúng ta; tất cả những điều đó quả thực khiến người ta bàng hoàng phải chăng Thái Dương Hệ của chúng ta là hệ duy nhất trong vũ trụ. Nhưng năm 1992, lần đầu tiên người ta quan sát thấy một hành tinh bay quanh một tinh tú khác hơn là mặt trời của chúng ta.

Ngày nay chúng ta biết hàng trăm những hành tinh như thế, và ít ai nghi ngờ việc có vô số những hành tinh khác giữa nhiều tỉ tinh tú trong vũ trụ. Điều đó khiến những sự ngẫu nhiên của những điều kiện trên hành tinh của chúng ta – mặt trời độc nhất, kết hợp may mắn giữa khoảng cách trái đất/mặt trời và trọng khối mặt trời – ít đáng chú ý hơn, và ít hấp dẫn hơn bằng chứng trái đất đã được thiết kế cẩn thận chỉ để làm vừa lòng những con người như chúng ta. Hành tinh loại nào

Chương VII: Phép Lạ Hiển Thị

cũng có. Một số - hay ít nhất là một – hỗ trợ sự sống. Đương nhiên, khi những sinh vật trên một hành tinh có sự sống xem xét thế giới chung quanh họ, họ bắt buộc phải thấy rằng môi trường của họ thỏa mãn những điều kiện mà họ đòi hỏi phải có.

Có thể đổi câu văn trên thành một nguyên tắc khoa học: Chính sự hiện hữu của chúng ta buộc chúng ta phải quan sát vũ trụ. Nghĩa là, sự kiện chúng ta hiện hữu giới hạn những đặc tính của môi trường trong đó chúng ta sống. Nguyên tắc nầy được gọi là nguyên lý nhân chủng yếu (weak anthropic principle). (Sau đây chúng ta sẽ thấy tại sao tỉnh từ *"weak – yếu"* được ghép vào ở đây.) Một từ thích hợp hơn có thể thay cho *"anthropic principle"* là *"selection principle – nguyên lý tuyển trạch"* vì nguyên lý muốn nói làm thế nào kiến thức của chúng ta về sự hiện hữu của chúng ta áp đặt những luật lệ nhằm chỉ tuyển lựa những môi trường có những đặc tính cho phép sự sống trong số tất cả những môi trường khả thể.

Mặc dù đó có vẻ nghe như triết học, nguyên lý nhân chủng yếu có thể được xử dung để thực hiện những tiên đoán khoa học. Ví dụ, vũ trụ bao nhiêu tuổi? Như chúng ta sẽ thấy, để cho chúng ta sinh tồn được, vũ trụ phải có những yếu tố như *carbon*, được tạo ra do những yếu tố tạo hỏa trong các tinh tú. Sau đó *carbon* được tỏa ra khắp không gian trong một vụ nổ *supernova* (tức một hiện tượng thiên văn hiếm hoi gây ra một vụ nổ của hầu hết vật chất trong một tinh tú, kết quả đưa đến một thiên thể cực sáng và yếu mệnh phát đi những khối năng lượng khổng lồ - chú thích riêng của người chuyển ngữ), và cuối cùng cô kết lại như một phần của một hành tinh trong một hệ thái dương thuộc thế hệ mới. Vào năm 1961, vật lý gia Robert Dicke cho rằng tiến trình đó mất khoảng mười tỉ năm, cho nên sự hiện hữu của chúng ta ở đây có nghĩa là vũ trụ phải ít nhất bằng ấy tuổi. Mặt khác, vũ trụ không thể già hơn mười tỉ năm nhiều, vì trong tương lai xa tất cả nhiên liệu của các tinh tú sẽ cạn kiệt, và chúng ta cần

Chương VII: Phép Lạ Hiển Thị

đến những tinh tú nóng để tồn tại. Cho nên vũ trụ phải khoảng mười tỉ năm. Đó không phải là một tiên đoán hoàn toàn chính xác, nhưng nó đúng – dựa theo những dữ kiện hiện nay, *big bang* xảy ra khoảng 13.7 tỉ năm về trước.

Cũng như trường hợp của tuổi vũ trụ, những tiên đoán nhân chủng thường cho ra một tầm trị số cho một thông số vật lý đã cho thay vì xác định chính xác thông số đó. Đó là vì sự hiện hữu của chúng ta, trong khi nó có thể không đòi hỏi một thông số vật lý đặc biệt nào đó, thường tùy thuộc vào những thông số nào không thay đổi quá xa vị trí mà chúng ta tìm thấy chúng. Hơn nữa chúng ta hy vọng rằng những điều kiện trong thế giới của chúng ta là điển hình bên trong tầm cho phép về mặt nhân chủng. Ví dụ, nếu chỉ có những độ lệch quỹ đạo nhỏ, chẳng hạn giữa *zero* và 0.5, mới cho phép sự sống, thì một độ lệch 0.1 sẽ không làm chúng ta ngạc nhiên vì trong số tất cả những hành tinh trong vũ trụ, một tỉ lệ tương đối có thể có những quỹ đạo với những độ lệch nhỏ như thế. Nhưng nếu sự thể cho thấy rằng trái đất di chuyển theo một vòng tròn gần như tuyệt đối, với độ lệch 0.000000001 chẳng hạn, thì điều đó sẽ thực sự biến trái đất thành một hành tinh đặc biệt, và sẽ khiến chúng ta phải giải thích tại sao chúng ta lại thấy mình đang sống trong một căn nhà quái lạ như thế. Ý tưởng đó đôi khi được gọi là nguyên lý tầm thường (principle of mediocrity). Những ngẫu nhiên may mắn liên quan đến hình dáng của các quỹ đạo hành tinh, trọng khối mặt trời, và v.v. được gọi là những ngẫu nhiên môi trường vì chúng xuất phát từ sự khám phá tình cờ (serendipity) những môi trường của chúng ta chứ không do một may mắn trong những định luật thiên nhiên căn bản. Tuổi của vũ trụ cũng là một yếu tố môi trường, vì một thời điểm sớm hơn hay trễ hơn trong lịch sử vũ trụ, nhưng chúng ta phải sống trong kỷ nguyên nầy vì đó là kỷ nguyên duy nhất thích hợp cho sự sống. Những ngẫu nhiên môi trường dễ hiểu vì môi trường sống của chúng ta là môi trường vũ trụ duy nhất trong số bao nhiêu môi trường trong vũ trụ, và chúng ta đương nhiên phải

Chương VII: Phép Lạ Hiển Thị

hiện hữu trong một môi trường hỗ trợ sự sống.

Nguyên lý nhân chủng yếu không gây ra nhiều tranh cãi. Nhưng có một hình thức mạnh hơn mà chúng ta sẽ bàn đến ở đây, mặc dù nó được nhìn với sự rẻ rúng trong giới vật lý gia. Nguyên lý nhân chủng mạnh (strong anthropic principle) cho rằng sự kiện chúng ta hiện hữu đặt ra những khống chế (constraints) không những trên môi trường của chúng ta mà còn trên *hình thức và nội dung khả thể của chính những định luật thiên nhiên*. Tư tưởng nầy sở dĩ có là vì không phải chỉ có những đặc tính cá biệt của Thái Dương Hệ chúng ta mới thích hợp một cách lạ lùng cho sự sống con người mà cả những đặc tính của toàn thể vũ trụ, và điều đó càng khó giải thích hơn nhiều.

Câu chuyện liên quan đến cách thức vũ trụ sơ khai của *hydrogen, helium*, và một ít *lithium* tiến hóa ra sao thành một vũ trụ chứa đựng ít nhất một thế giới với sự sống thông minh như chúng ta là một câu chuyện của nhiều chương. Như chúng ta đã đề cập trước đây, những lực thiên nhiên đã phải thế nào đó thì những yếu tố nặng hơn (heavier elements) – nhất là *carbon* – mới có thể sản sinh ra được từ những yếu tố ban sơ (primordial elements), và tiếp tục ổn định hàng tỉ năm. Những yếu tố nặng đó được hình thành trong những lò nung mà chúng ta gọi là những tinh tú, cho nên những lực trước hết phải đi theo các tinh tú và thiên hà để thành hình. Những yếu tố đó lớn lên từ những mầm mống bất đồng bộ trong vũ trụ sơ khai, vốn hầu như hoàn toàn đồng bộ nhưng may mắn lại chứa những thay đổi tỉ trọng khoảng một phần trong 100,000. Tuy nhiên, sự hiện hữu của các tinh tú, và sự hiện hữu bên trong những yếu tố cấu tạo nên chúng ta chưa đủ. Động năng (dynamics) của những tinh tú đã phải thế nào đó thì một số cuối cùng mới bùng nổ, và hơn nữa, bùng nổ đúng theo một cách có thể phân bố những yếu tố nặng hơn khắp không gian. Thêm vào đó, những định luật thiên nhiên phải quyết định rằng những tàn dư có thể tái kết tụ thành một

Chương VII: Phép Lạ Hiển Thị

thế hệ tinh tú mới; những tinh tú nầy được vây quanh bởi những tinh tú thu hút những yếu tố nặng mới hình thành. Cũng như một số biến cố trên trái đất đã phải xảy ra để cho phép chúng ta phát triển, thì mỗi mắt xích trong sợi xích nầy cũng thế theo đòi hỏi của sự hiện hữu của chúng ta. Nhưng trong trường hợp những biến cố do tiến hóa của vũ trụ, những phát triển như thế được chi phối bởi sự quân bình của những lực thiên nhiên căn bản, và đó là những lực phải có tác động tuyệt đối thích hợp để chúng ta hiện hữu được.

Fred Hoyle trong những năm 1950 là một trong người đầu tiên nhận thức rằng điều nầy có thể đòi hỏi một đo lường ngẫu nhiên chích xác (good measurement of serendipity). Hoyle tin rằng tất cả những ký hiệu hóa học ban đầu đều được tạo nên từ *hydrogen*, mà ông cảm thấy là chất sơ khai thực sự. *Hydrogen* có nhân nguyên tử đơn giản nhất, chỉ gồm có một *proton*, hoặc lẻ loi hoặc đi chung với một hay hai *neutrons*. (Những hình thức khác nhau của *hydrogen*, hay bất kỳ nhân nguyên tử nào, nếu số lượng *protons* giống nhau nhưng số *neutrons* khác nhau được gọi là *isotopes*.) Ngày nay chúng biết rằng *helium* và *lithium*, những nguyên tử có nhân chứa hai và ba *protons*, ban đầu cũng được tổng hợp (synthesized), trong những số lượng nhỏ hơn nhiều, khi vũ trụ khoảng 200 giây tuổi. Sự sống, ngược lại, tùy vào những yếu tố phức tạp hơn. *Carbon* là yếu tố quan trọng nhất trong số những yếu tố nầy, căn bản của tất cả hóa học hữu cơ.

Mặc dù người ta có thể tưởng tượng có những sinh vật "sống" (living organisms) như *silicon*, khó mà tin được sự sống có thể tiến hóa một cách tự phát (spontaneously) mà không cần *carbon*. Đó là vì những lý do kỹ thuật nhưng lý do còn liên quan đến cách thế duy nhất trong đó *carbon* kết hợp với các yếu tố khác. *Carbon dioxide*, chẳng hạn, là hơi (gaseous) với nhiệt độ trong phòng, và rất hữu dụng về mặt sinh học. Vì *silicon* là yếu tố nằm ngay dưới *carbon* trong bảng ký hiệu hóa học, nó có những thuộc tính hóa học tương tự. Tuy nhiên, *silicon dioxide* (SiO_2 – quartz), thì còn hữu dụng hơn nhiều trong một sưu tập đá quý so với trong phổi của một sinh vật. Cứ cho rằng hình thức sống có thể biến hóa ưu điểm đó trên *silicon* và quầy đuôi vào những hồ *amoniac*. Ngay cả dạng sống ngoại nhập (exotic life) đó cũng không thể tiến hóa độc nhất từ những yếu tố ban sơ, vì những yếu tố đó chỉ có thể tạo ra hai hợp tố ổn định (stable compounds), *lithium hydride*, tức một chất rắn trong suốt không màu, và hơi *hydrogen* (hydrogen gas), không có cái nào là một hợp tố có khả năng sinh sản hay ngay cả kết cấu. Và sự kiện còn lại: chúng ta *là* một hình thức sống từ *carbon*. Điều đó đưa ra câu hỏi *carbon*, với nhân có 6 *protons*, và những yếu tố nặng khác trong cơ thể của chúng ta được tạo ra cách nào?

Bước đầu tiên xảy ra khi những tinh tú già hơn bắt đầu tích lũy *helium*, được sinh ra khi hai nhân *hydrogen* va chạm với nhau và hỗn hợp nhau. Sự hỗn hợp nầy giải thích cách thức mà những tinh tú tạo ra năng lượng để sưởi ấm chúng ta. Hai nguyên tử *helium* sau đó có thể va chạm nhau để tạo ra *beryllium*, một nguyên tử có nhân chứa bốn *protons*. Một khi *beryllium* được tạo ra, trên nguyên tắc nó có thể hỗn hợp với một nhân *helium* thứ ba để tạo ra *carbon*. Nhưng điều đó không xảy ra, vì *isotope* của *beryllium* được tạo ra gần như lập tức suy hoại trở lại nhân *helium*.

Hoàn cảnh thay đổi khi một tinh tú bắt đầu cạn *hydrogen*. Khi điều đó bắt đầu xảy ra trọng tâm của tinh tú sụp đổ cho đến khi nhiệt độ ở trung tâm lên đến khoảng 100 triệu độ *Kelvin*. Dưới những điều kiện đó, những nhân nguyên tử va nhau rất thường xuyên nên một số nhân *beryllium* va chạm với một nhân nguyên tử trước khi chúng có được một cơ hội suy hoại. *Beryllium* kế đó có thể hỗn hợp với *helium* để tạo ra một *isotope carbon* ổn định. Nhưng *carbon* vẫn còn lâu mới tạo ra những tổ hợp có trật tự gồm những hợp tố hóa học theo dạng có thể thưởng thức được một ly rượu *Bordeaux*,

Chương VII: Phép Lạ Hiển Thị

thảy được những con trụ lửa, hay hỏi được những câu hỏi về vũ trụ. Muốn những sinh vật như con người sinh tồn được, *carbon* phải được đưa ra khỏi ruột tinh tú đến những láng giềng hữu nghị hơn. Điều đó, như chúng tôi đã nói, được hoàn tất khi tinh tú, vào cuối chu kỳ sống, bùng nổ như một *supernova*, tống ra *carbon* và những yếu tố nặng khác sau nầy cô kết thành một hành tinh.

Triple Alpha Process Carbon is made inside stars from the collisions of three helium nuclei, an event that would be very unlikely if not for a special property of the laws of nuclear physics.

Quá trình tạo ra *carbon* nầy được gọi là *quá trình ba alpha (triple alpha process)* vì "*đơn tử alpha – alpha particle*" là một tên gọi khác của những nhân nguyên tử của *isotope helium* liên hệ, và vì quá trình đòi hỏi ba nhân hỗn hợp lại với nhau. Vật lý thông thường tiên đoán rằng nhịp độ sản sinh *carbon* qua *quá trình ba alpha* phải thật sự nhỏ. Vì ghi nhận điều nầy nên năm 1952, Hoyle tiên đoán rằng tổng số năng lượng của một nhân *beryllium* và một nhân *helium* phải gần như chính xác là năng lượng của một trạng thái *quantum* nào đó của *isotope carbon* được tạo ra, một tình trạng được

Chương VII: Phép Lạ Hiển Thị

gọi là một *resonance*, tình trạng nầy gia tăng lớn lao nhịp độ phản ứng nguyên tử.

Vào thời đó, không có năng lượng nào như thế được biết đến, nhưng căn cứ trên đề nghị của Hoyle, William Fowler ở Caltech đi tìm và đã tìm được nó, cung ứng hỗ trợ quan trọng cho những quan điểm của Hoyle về cách thức những nhân phức tạp được tạo ra bằng cách nào.

Hoyle viết, "tôi không tin rằng bất kỳ một khoa học gia nào, nếu xem xét bằng chứng, cũng sẽ không suy ra được kết luận rằng những định luật của vật lý nguyên tử đã được thiết kế một cách có chủ đích liên quan đến những hậu quả mà chúng tạo ra bên trong các tinh tú." Thời đó không ai biết nhiều về vật lý nguyên tử để nhận thức được trị số của độ ngẫu nhiên (magnitude of serendipity) có được trong những định luật vật lý chính xác nầy. Nhưng khi điều tra giá trị luận lý của nguyên lý nhân chủng mạnh trong những năm gần đây, các vật lý gia bắt đầu tự hỏi vũ trụ sẽ ra sao nếu nhưng định luật thiên nhiên khác đi.

Ngày nay chúng ta có thể tạo ra những mô hình vi tính cho chúng ta biết nhịp độ phản ứng của ba *alpha* tùy thuộc thế nào vào cường độ của những lực thiên nhiên. Những tính toán như thế cho thấy rằng một thay đổi nhỏ bằng 0.5 phần trăm cường độ của lực mạnh, hay 4 phần trăm trong lực điện, sẽ tiêu hủy hoặc hầu hết *carbon* hoặc tất cả *oxygen* trong mọi tinh tú, và như thế tiêu hủy khả thể của sự sống như chúng ta biết. Chỉ cần thay đổi những định luật đó trong vũ trụ một ít thôi và những điều kiện dành cho sự sống của chúng ta sẽ biến mất!

Khi xem xét những vũ trụ mô hình mà chúng ta thiết lập khi những lý thuyết vật lý được biến cải theo một cách nào đó, người ta có thể nghiên cứu hệ quả thay đổi đối với định luật vật lý một cách có phương pháp. Bây giờ người ta mới biết

Chương VII: Phép Lạ Hiển Thị

rằng không phải chỉ có cường độ của lực nguyên tử nặng và lực điện từ mới cần cho sự sống. Hầu hết các hằng số căn bản trong những lý thuyết của chúng ta có vẻ được điều chỉnh đúng cả rồi theo nghĩa là nếu chúng chỉ được biến cải một ít thôi thì vũ trụ sẽ khác đi về phẩm, và trong nhiều trường hợp- sẽ không thích ứng để phát triển sự sống nữa. Ví dụ, nếu lực nguyên tử khác, lực yếu, yếu hơn nhiều, thì trong thiên nhiên sơ khai tất cả *hydrogen* sẽ biến thành *helium*, và như thế sẽ không có những tinh tú bình thường; nếu nó mạnh hơn nhiều, các *supernovas* bùng nổ sẽ không bắn tung được những vỏ ngoài, và sẽ không gieo cấy được không gian liên tinh tú với những yếu tố nặng mà các hành tinh cần có để cho ra sự sống. Nếu *protons* nặng hơn 0.2 phần trăm, chúng sẽ suy hoại thành *neutrons*, gây bất ổn cho các nguyên tử. Nếu tổng số những trọng khối của các loại *quarks* tạo nên một *proton* được thay đổi khoảng 10 phần trăm, thì sẽ có ít đi rất nhiều những nhân nguyên tử tạo ra chúng ta; thực vậy, tổng số trọng khối *quarks* hình như được tối ưu hóa cho sự hiện hữu của số lượng lớn nhất những nhân nguyên tử ổn định.

Nếu người ta giả định rằng một vài trăm triệu năm trong quỹ đạo ổn định là cần thiết cho sự sống trên hành tinh tiến hóa, thì con số những chiều không gian cũng được thiết định bởi sự hiện hữu của chúng ta. Đó là vì, theo những định luật về trọng lực, chỉ trong ba chiều những quỹ đạo bầu dục ổn định mới có thể có được. Những quỹ đạo tròn có thể có trong những chiều khác, nhưng những quỹ đạo đó, theo Newton, không ổn định. Trong bất kỳ chiều nào, trừ ba chiều, ngay cả một biến động nhỏ, như do sức hút của những hành tinh khác, sẽ đẩy một hành tinh ra khỏi quỹ đạo của nó và khiến nó quay xoắn ốc hoặc vào hoặc xa ra khỏi mặt trời, do đo chúng ta sẽ hoặc chết cháy hoặc đóng băng. Hơn nữa, trong bốn chiều trở lên, trọng lực giữa hai thiên thể sẽ giảm nhanh hơn là trong ba chiều. Trong ba chiều, nó sẽ rơi xuống ¼ trị số của nó nếu người ta tăng khoảng cách gấp đôi. Trong bốn

Chương VII: Phép Lạ Hiển Thị

chiều nó sẽ rơi xuống 1/8, trong năm chiều nó sẽ rơi xuống 1/16, và cứ thế tiếp tục. Kết cuộc, trong hơn ba chiều mặt trời sẽ không có thể tồn tại trong một trạng thái ổn định với áp suất bên trong vốn giúp cân bằng sức hút của trọng lực. Nó sẽ hoặc tan rã hoặc sụp đổ để tạo ra một hố đen, tình huống nào cũng kết liễu đời bạn. Trên quy mô nguyên tử, những lực điện sẽ hành xử theo cùng một cách như trọng lực. Điều đó có nghĩa là những *electrons* trong các nguyên tử sẽ hoặc thoát ra hoặc xoáy ốc vào những nhân. Trường hợp nào cũng khiến những nguyên tử như chúng ta biết không thể có được.

Sự xuất hiện của những cấu trúc phức tạp có khả năng hỗ trợ những quan sát viên thông minh dường như rất mong manh. Những định luật thiên nhiên tạo nên một hệ thống cực kỳ hiệu chỉnh (extremely fine-tuned), và rất ít nội dung trong định luật vật lý có thể biến cải mà không tiêu diệt khả năng phát triển sự sống như chúng ta biết. Nếu không có một loạt những ngẫu nhiên đầy ngạc nhiên trong những chi tiết của định luật vật lý, thì hình như con người và những hình thức sống tương tự sẽ không bao giờ hiện hữu được.

Ngẫu nhiên hiệu chỉnh ấn tượng nhất có liên quan đến cái gọi là hằng số vũ trụ trong những phương trình tổng thuyết tương đối của Einstein. Như chúng ta đã nói, năm 1915, khi ông đưa ra lý thuyết, Einstein tin rằng vũ trụ là đứng yên, nghĩa là, không bành trướng cũng không co thắt. Vì mọi vật chất đều thu hút vật chất khác, nên ông đã đưa vào lý thuyết của ông một lực phản trọng lực mới (new antigravity force) để chống lại khuynh hướng của vũ trụ sụp đổ trên chính nó. Lực nầy, không giống như những lực khác, không đến từ bất kỳ một nguồn nào đặc biệt nhưng được xây dựng vào chính cấu trúc của không-thời-gian. Hằng số vũ trụ học mô tả cường độ của lực đó.

Khi khám phá ra rằng vũ trụ không phải đứng yên, Einstein

Chương VII: Phép Lạ Hiển Thị

loại bỏ hằng số vũ trụ ra khỏi lý thuyết của ông và cho rằng đưa hằng số đó vào là một sai lầm lớn nhất trong đời ông. Nhưng trong những quan sát của năm 1998 về những *supernovas* rất xa cho thấy rằng vũ trụ đang bành trướng tăng tốc, một hệ quả không thể có nếu không có một loại lực tác động qua không gian. Hằng số vũ trụ được phục hồi trở lại. Vì chúng ta ngày nay biết rằng trị số của hằng số đó không phải *zero*, câu hỏi còn lại: tại sao nó lại có trị số như thế? Các vật lý gia đã đưa ra những luận điểm giải thích làm thế nào nó có thể nẩy sinh do những hệ quả cơ học *quantum*, nhưng trị số mà họ tính toán thì vào khoảng 1 và theo sau là 120 số 0 lớn hơn là trị số thực sự, thu thập được qua những quan sát *supernova*. Điều đó có nghĩa là hoặc lý luận được dùng trong tính toán là sai hoặc bằng không thì một số hệ quả khác nào đó phải có, hệ quả nầy, như một phép lạ, triệt tiêu tất cả ngoại trừ một phần bé nhỏ không thể tưởng tượng được của con số được tính toán. Điều chắc chắn là nếu trị số của hằng số vũ trụ lớn hơn nhiều so với trị số hiện có thì vũ trụ của chúng ta có thể đã nổ tan tành trước khi những thiên hà có thể thành hình và – một lần nữa – sự sống như chúng ta biết sẽ không thể có được.

Chúng ta có thể làm gì với những ngẫu nhiên nầy? May mắn trong hình thức và bản chất của định luật vật lý căn bản là một loại may mắn khác với may mắn mà chúng ta tìm thấy trong những yếu tố môi trường. May mắn đó không thể dễ dàng giải thích, và có những hàm ngụ triết lý và vật lý sâu xa hơn nhiều. Vũ trụ của chúng ta và những định luật của nó hình như có một thiết kế vừa đúng kích cỡ dành riêng cho chúng ta lại vừa chừa một chỗ nhỏ trù bị cho sửa đổi, nếu chúng ta phải hiện hữu. Điều đó không dễ dàng giải thích, và đưa đến câu hỏi tại sao như thế.

Nhiều người muốn chúng tôi dùng những ngẫu nhiên nầy như bằng chứng của công trình Thượng Đế. Tư tưởng cho rằng vũ trụ được thiết kế để thích ứng với con người có vẻ thần học và thần thoại có từ hàng ngàn năm trước cho đến ngày nay. Trong những giai thoại thần thoại lịch sử của người Mayan Popol Vuh, "Chúng ta sẽ không nhận được vinh quang hay vinh dự từ tất cả những gì mà chúng ta đã tạo ra và hình thành cho đến khi nhân loại hiện hữu, được ban cho ý thức." Một tài liệu điển hình Ai Cập có từ 2000 năm trước Công Nguyên nói rằng, "Nhân loại, đàn súc vật của Thượng Đế, đã được cung ứng đầy đủ. Ngài [thần mặt trời] tạo ra mặt trời và trái đất cho họ hưởng." Tại Trung Hoa, một hiền triết theo Lão Tử tên Liệt Ngữ Khấu đã trình bày tư tưởng qua một nhân vật trong một câu chuyện, nói rằng, "Trời tạo ra năm loại ngũ cốc để trồng, và mang lại chim cá, đặc biệt cho chúng ta hưởng."

Trong văn hóa Tây Phương, Cựu Ước Kinh có chứa đựng tư tưởng liên quan đến thiết kế tạo hóa trong câu chuyện về sáng thế, nhưng quan điểm Ky Tô Giáo cổ truyền cũng chịu ảnh hưởng lớn của Aristote, người tin vào "một thế giới tự nhiên thông minh hoạt động theo một thiết kế có chủ đích nào đó." Nhà thần học Ky Tô trung cổ Thomas Aquinas xử dụng tư tưởng của Aristote về trật tự trong thiên nhiên để lý luận có sự hiện hữu của Thượng Đế. Trong thế kỷ mười tám một nhà thần học Ky Tô khác đi xa hơn và nói rằng những con thỏ có đuôi màu trắng là để chúng ta dễ thấy chúng mà bắn. Một minh họa hiện đại hơn về quan điểm Ky Tô được đưa ra một ít năm trước đây khi Hồng Y Christoph Schönborn, tổng giám mục thành Vienna, viết, "Ngày nay, bắt đầu thế kỷ 21, đối diện với những tuyên bố khoa học như thuyết Tân Darwin và thuyết đa vũ trụ, Giáo Hội Thiên Chúa Giáo sẽ một lần nữa bảo vệ bản chất con người bằng cách tuyên bố rằng thiết kế cố hữu (immanent design) trong thiên nhiên là có thực." Trong vũ trụ học, bằng chứng hiển nhiên về chủ đích và thiết kế (purpose and design) mà đức hồng y muốn nói đến chính là sự hiệu chỉnh (fine-tuning) của định luật vật lý mà chúng ta mô tả bên trên.

Chương VII: Phép Lạ Hiển Thị

Ngả rẽ trong việc khoa học bác bỏ vũ trụ lấy con người làm trung tâm là mô hình Copernic về Thái Dương Hệ, trong đó trái đất không còn giữ một vị trí trung tâm. Mỉa mai thay, thế giới quan của Copernic lại là phỏng nhân hình (anthropomorphic), ngay cả khi ông trấn an chúng ta bằng cách chỉ ra rằng, bất chấp mô hình lấy mặt trời làm trung tâm, trái đất *gần như* đứng ở trung tâm vũ trụ: "Mặc dù [trái đất] không ở tại trung tâm vũ trụ, khoảng cách [đến trung tâm] coi như bằng không, đặc biệt khi so sánh với khoảng cách của những tinh tú cố định." Với sự phát minh của viễn vọng kính, những quan sát trong thế kỷ mười bảy, như sự kiện hành tinh của chúng ta không phải là hành tinh duy nhất có một mặt trăng xoay quanh, tạo uy tín cho nguyên lý cho rằng chúng ta không nắm giữ một vị trí ưu đãi trong vũ trụ. Trong những thế kỷ tiếp theo, chúng ta càng khám phá nhiều về vũ trụ bao nhiêu thì càng hình như hành tinh của chúng ta chỉ có lẽ là một mẫu vườn hành tinh (garden-variety planet) trong nhiều mẫu vườn khác nhau.

Nhưng sự khám phá tương đối gần đây liên quan đến sự hiệu chỉnh cực độ (extreme fine-tuning) của nhiều định luật thiên nhiên có thể khiến ít nhất một số trong chúng ta đi ngược về quan niệm cũ cho rằng thiết kế vĩ đại nầy là công trình của một thiết kế gia vĩ đại nào đó. Tại Hoa Kỳ, vì Hiến Pháp cấm rao giảng tôn giáo trong trường, loại tư tưởng đó được gọi là thiết kế thông minh (intelligent design), cần được hiểu một cách ngấm ngầm và mặc thị rằng thiết kế gia đó là Thượng Đế.

Đó không phải là câu trả lời của khoa học hiện đại. Chúng ta thấy trong chương 5 rằng vũ trụ của chúng ta hình như là một trong nhiều vũ trụ, mỗi vũ trụ với những định luật khác nhau. Tư tưởng đa vũ trụ đó không phải là một khái niệm phát minh ra để giải thích phép lạ của sự hiệu chỉnh. Đó là một hậu quả của điều kiện không biên giới (no-boundary condition) cũng như nhiều lý thuyết khác của vũ trụ học hiện đại. Nhưng nếu

Chương VII: Phép Lạ Hiển Thị

đó là sự thật, thì nguyên lý nhân chủng mạnh có thể được xem thực sự tương đương với thuyết nhân chủng yếu, đặt để những hiệu chỉnh của định luật vật lý trên cùng một tư thế như những yếu tố môi trường, vì nó muốn nói rằng môi trường sống trong vũ trụ của chúng ta – ngày nay là toàn bộ vũ trụ quan sát được – chỉ là một trong nhiều môi trường, y như Thái Dương Hệ của chúng ta là một trong nhiều hệ thái dương khác. Điều đó có nghĩa là, tương tự như những ngẫu nhiên môi trường của Thái Dương Hệ của chúng ta trở nên không có gì đáng chú ý vì thấy rằng hằng triệu hệ như thế tồn tại, những hiệu chỉnh trong những định luật thiên nhiên cũng thế, nghĩa là, có thể được giải thích bằng sự hiện hữu của nhiều vũ trụ. Nhiều người trong khắp các thời đại đã gán cho Thượng Đế vẻ đẹp và sự phức tạp của thiên nhiên mà trong thời đại của họ dường như không có một giải thích nào. Nhưng cũng như Darwin và Wallace giải thích làm thế nào sự thiết kế trông có vẻ nhiệm màu của những hình thức sống có thể xuất hiện mà không cần sự can thiệp của một đấng tối cao, quan niệm đa vũ trụ có thể giải thích sự hiệu chỉnh của định luật vật lý mà không cần đến một đấng tạo hóa ân điển đã tạo ra vũ trụ cho chúng ta hưởng.

Einstein có lúc nêu ra cho người phụ tá của ông là Ernst Straus câu hỏi "Thượng Đế có lựa chọn nào không khi ngài tạo ra vũ trụ?" Vào cuối thế kỷ mười sáu, Kepler tin rằng Thượng Đế đã tạo ra vũ trụ theo một nguyên tắc toán học hoàn chỉnh nào đó. Newton cho thấy rằng những định luật áp dụng cho trên trời cũng chính là những định áp dụng dưới đất, và triển khai những phương trình toán học để trình bày những định luật đó. Những định luật nầy trang nhã đến độ gây được lòng sùng đạo nơi nhiều khoa học gia ở thế kỷ mười tám; họ dường như muốn xử dụng chúng để cho thấy rằng Thượng Đế là một nhà toán học.

Kể từ Newton trở đi, và nhất là từ Einstein, mục tiêu của vật lý là tìm ra những nguyên lý toán học theo dạng mà Kepler

Chương VII: Phép Lạ Hiển Thị

hình dung, và với những nguyên lý đó tạo ra một lý thuyết thống nhất về mọi thứ, lý thuyết có thể giải thích được mọi chi tiết của vật chất và những lực mà chúng ta quan sát trong thiên nhiên. Vào cuối thế kỷ mười chín và đầu thế kỷ hai mươi, Maxwell và Einstein thống nhất những lý thuyết về điện, từ, và ánh sáng. Trong những năm 1970 mô hình tiêu chuẩn được xây dựng, một lý thuyết duy nhất về lực mạnh và lực nguyên tử yếu, và lực điện từ. Thuyết dây và thuyết *M-theory* sau đó ra đời nhằm bao gồm luôn lực còn lại, tức trọng lực. Mục tiêu là tìm ra không chỉ một lý thuyết duy nhất giải thích được tất cả những lực nhưng còn là lý thuyết giải thích được những con số mà chúng ta đã đề cập, như cường độ của những lực và những trọng khối và tích điện của những đơn tử căn bản.

Như Einstein từng nói, hy vọng vẫn là có thể nói được rằng "thiên nhiên được cấu tạo sao cho có thể xây dựng một cách luận lý những định luật được xác định thật chặt chẽ đến độ bên trong những định luật nầy chỉ xảy ra những hằng số được xác định hoàn chỉnh một cách luận lý (như thế, không phải là những hằng số mà trị số có thể được thay đổi mà không tiêu diệt lý thuyết)." Một lý thuyết duy nhất có thể không có khả năng có được sự hiệu chỉnh cho phép chúng ta hiện hữu. Nhưng nếu nhờ vào những tiến bộ mới đây chúng ta diễn đạt giấc mơ của Einstein như là giấc mơ về một lý thuyết duy nhất giải thích vũ trụ nầy và những vũ trụ khác, với toàn thể quang phổ của chúng về những định luật khác nhau, thì lúc đó, thuyết *M-theory* có thể chính là thuyết đó. Nhưng thuyết *M-theory* có phải là duy nhất hay được đòi hỏi bởi bất kỳ lý thuyết đơn giản luận lý nào? Liệu chúng ta có thể trả lời câu hỏi, tại sao lại thuyết *M- theory*?

Chương VIII
Thiết Kế Vĩ Đại
(The Grand Design)

Tổng Quát

Trong sách nầy, chúng tôi đã mô tả làm thế nào những hiện tượng điều hòa (regularities) trong chuyển động của các thiên thể như mặt trời, mặt trăng, và những tinh tú cho thấy rằng chúng được chi phối bởi những định luật cố định thay vì lệ thuộc vào tính khí và thay đổi tùy tiện của những thần linh và ma quỷ. Trước tiên sự hiện hữu của những định luật như thế chỉ trở nên hiển nhiên trong thiên văn học (astronomy) – hay thông thiên học (astrology), bấy giờ được xem như nhau. Sự hành xử của vật hể trên trái đất quá phức tạp và lệ thuộc vào quá nhiều ảnh hưởng đến độ các nền văn minh cổ xưa không thể phân biệt biểu mẫu hay định luật rõ rệt nào chi phối những hiện tượng nầy. Tuy nhiên, dần dần những định luật mới được khám phá trong những phạm vi khác hơn là thiên văn học, và điều nầy đưa đến quan niệm của tất định thuyết khoa học: Phải có một hệ hoàn chỉnh gồm những định luật sẽ nói rõ làm thế nào vũ trụ có thể phát triển từ thời điểm đó trở đi, dựa trên trạng thái vũ trụ tại một thời điểm nhất định. Những định luật nầy sẽ đúng ở mọi nơi và tại mọi thời điểm; nếu không chúng sẽ không phải là định luật. Không thể có những ngoại lệ hay phép lạ.

Vào thời kỳ mà tất định thuyết khoa học lần đầu tiên được đưa ra, những định luật của Newton về chuyển động và

trọng lực là những định luật duy nhất được biết đến. Chúng ta đã mô tả làm thế nào những định luật nầy được Einstein triển khai trong tổng thuyết tương đối của ông, và làm thế nào những định luật khác được khám phá để chi phối những

Chương VIII: Thiết Kế Vĩ Đại

phương diện khác của vũ trụ.

Những định luật thiên nhiên nói với chúng ta vũ trụ hành xử *như thế nào (how)*, nhưng chúng không trả lời những câu hỏi *tại sao? (why?)*, những câu hỏi mà chúng ta đã đặt ra ở đầu cuốn sách:

Tại sao có một cái gì thay vì không có? (Why is there something rather than nothing?)

Tại sao chúng ta hiện hữu? (Why do we exist?)

Tại sao hệ định luật đặc biệt nầy mà không phải một hệ nào khác? (Why this particular set of laws and not some other?)

Một số người cho rằng câu trả lời cho những câu hỏi nầy là: có một Thượng Đế đã quyết định tạo ra vũ trụ cách đó. Người ta có quyền hỏi ai hay cái gì tạo ra vũ trụ, nhưng nếu câu trả lời là Thượng Đế, thì câu hỏi chỉ được chuyển qua câu hỏi ai đã tạo ra Thượng Đế. Trong quan điểm nầy, người ta chấp nhận rằng một đấng nào đó hiện hữu mà không cần ai tạo ra, và đấng đó được gọi là Thượng Đế. Điều nầy được biết đến như luận chứng nguyên nhân tiên khởi (first-cause argument) về sự hiện hữu của Thượng Đế. Tuy nhiên, chúng tôi cho rằng có thể trả lời những câu hỏi nầy thuần túy bên trong phạm vi khoa học, và không cần thông qua đấng thiêng liêng nào cả.

Theo quan niệm của thuyết thực tại theo mô hình (model-dependent realism) đưa ra trong chương 3, não bộ của chúng ta diễn dịch nguồn vào (input) từ các giác quan của chúng ta bằng cách thực hiện một mô hình của thế giới bên ngoài. Chúng ta tạo ra những khái niệm về nhà cửa, cây cối, tha nhân, điện ở những ổ cắm trong tường, nguyên tử, phân tử, và những vũ trụ khác. Những khái niệm tinh thần nầy là thực tại duy nhất mà chúng ta có thể biết. Không có thí nghiệm

Chương VIII: Thiết Kế Vĩ Đại

theo mô hình về thực tại. Do đó một mô hình được xây dựng tốt tạo ra một thực tại của chính nó. Một ví dụ có thể giúp chúng ta suy nghĩ về những vấn đề của thực tại và sáng tạo là trò chơi *Game of Life*, được phát minh năm 1970 do một nhà toán học trẻ ở Đại Học Cambridge tên John Conway.

Từ ngữ "*game*" trong *Game of Life* là một từ khiến người ta hiểu lầm. Không có người thắng kẻ thua; Thực tế, không có đấu thủ. *Game of Life* không thực sự là một trò chơi nhưng là một hệ các định luật chi phối một vũ trụ hai chiều. Đó là một vũ trụ tất định (deterministic): Một khi bạn đã xác định một bố trí ban đầu hay một điều kiện sơ khởi, những định luật quyết định những gì sẽ xảy ra trong tương lai.

Thế giới mà Conway hình dung là một đội hình vuông (square array), như một bàn cờ, nhưng kéo dài vô hạn ở mọi phía. Mỗi ô có thể ở trong một trong hai trạng thái: sống (màu xanh trong hình thứ nhất) hay chết (màu đen trong hình thứ nhất). Mỗi ô có tám (8) láng giềng: lên, xuống, trái, phải, và bốn (4) láng giềng theo đường chéo (diagonal neighbors). Thời gian trong thế giới nầy không liên tục nhưng đi về phía trước theo những bước riêng biệt (discrete steps). Cho biết bất kỳ bố trí nào trong các ô sống và ô chết, con số những láng giềng chết xác định những gì sẽ xảy ra kế đó, theo những quy luật sau đây:

- Một ô sống với hai hay ba láng giềng sống thì tồn tại (survival).
- Một ô chết với đúng ba láng giềng sống trở thành một tế bào sống (live cell – birth).

Chương VIII: Thiết Kế Vĩ Đại

Trong tất cả các trường hợp khác, một tế bào sẽ chết hoặc tiếp tục chết. Trong trường hợp một ô sống có *zero* (0) hay một (1) láng giềng, nó được nói là chết (die) hay cô đơn (loneliness); nếu nó có trên ba (3) láng giềng, nó được nói là chết vì nhân mãn (die of overcrowding).

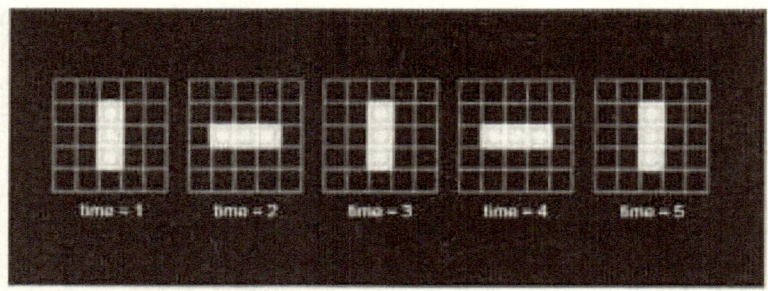

Blinkers Blinkers are a simple type of composite object in the Game of Life.

Tất cả chỉ có thế: cho biết bất kỳ điều kiện ban đầu nào, những quy luật nầy liên tiếp tạo ra hết thế hệ nầy đến thế hệ khác. Một ô sống lẻ loi hay hai ô sống kế nhau chết trong thế hệ kế tiếp bởi vì chúng không có đủ láng giềng. Ba ô sống dọc theo một đường chéo được sống lâu hơn một ít. Sau bước thời gian thứ nhất, những ô cuối giẫy chết, chỉ chừa lại ô chính giữa, ô nầy chết trong thế hệ tiếp theo. Mọi dãy ô chéo đều "bốc hơi - evaporate" theo đúng kiểu nầy. Nhưng nếu ba ô sống được thay thế cùng một lúc theo một chiều, thì một lần nữa trung tâm có hai láng giềng sống sót trong khi hai ô ở hai đầu chết, nhưng trong trường hợp nầy những tế bào ngay bên trên hay ngay bên dưới tế bào trung tâm sinh sản. Do đó, hàng (row) đó trở thành một cột (column), và cứ thế tiếp tục. Những bố trí dao động (oscillating configurations) được gọi là những *blinkers*.

Nếu ba ô sống được xếp theo hình chữ *L*, thì một hành xử mới xảy ra. Trong thế hệ tiếp theo, ô nằm trong lòng chữ *L* sẽ sinh sản, đưa đến một khối 2 x 2 (2 x 2 *blocks*). Khối nầy

Chương VIII: Thiết Kế Vĩ Đại

thuộc về một biểu mẫu gọi là *still- life* vì nó sẽ đi từ thế hệ nầy qua thế hệ khác mà không bị thay đổi. Nhiều loại biểu mẫu hiện hữu được thành hình trong những thế hệ trước nhanh chóng trở thành một *still-life*, hay chết, hay trở về hình thái ban đầu và sau đó lặp lại quá trình.

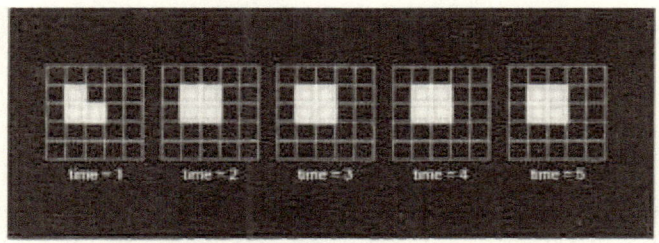

Evolution to a Still Life Some composite objects in the Game of Life evolve into a form that the rules dictate will never change.

Cũng có những biểu mẫu gọi là *gliders,* biến dạng thành những hình thù khác và, sau một ít thế hệ, trở lại hình thái ban đầu, nhưng trong một vị trí một ô bên dưới dọc theo đường chéo. Nếu bạn nhìn những biểu mẫu nầy phát triển theo thời gian, chúng có vẻ bò dọc theo đội hình.

Gliders Gliders morph through these intermediate shapes, then return to their original form, displaced by one square along the diagonal.

Khi những *gliders* va chạm nhau, những hành xử lạ kỳ có thể xảy ra, tùy theo hình thù của mỗi *glider* vào lúc va chạm nhau.

Chương VIII: Thiết Kế Vĩ Đại

Điều làm cho vũ trụ hấp dẫn là mặc dù "vật lý học" căn bản của vũ trụ là đơn giản, cơ cấu "hóa học" có thể phức tạp. Nghĩa là, những vật thể tổng hợp (composite objects) hiện hữu trên những quy mô khác nhau (different scales). Trên quy mô nhỏ nhất, vật lý căn bản cho chúng ta biết rằng chỉ có những ô sống và ô chết. Trên quy mô hớn hơn, có những khối *gliders*, *blinkers*, và *still-life*.

Trên một quy mô lớn hơn thế nữa có cả những vật thể phức tạp hơn, như những súng *glider* (glider guns): những biểu mẫu đứng yên (stationary patterns) theo định kỳ sinh sản ra những *gliders* mới, những *gliders* mới nầy rời tổ và đi xuống theo đường chéo.

Nếu bạn quan sát vũ trụ của *Game of Life* một lúc trên bất kỳ quy mô nào, bạn có thể suy luận ra những quy luật chi phối những vật thể trên quy mô đó. Ví dụ, trên quy mô những vật thể chỉ cách một ít ô hàng ngang bạn có thể có những luật như "Những *blocks* không bao giờ di chuyển", "Những *gliders* di chuyển chéo góc", và những quy luật khác nhau cho những gì xảy ra khi những vật thể va chạm nhau.

Bạn có thể tạo ra một vật lý học tổng quát trên bất cứ trình độ nào của những vật thể tổng hợp. Các định luật sẽ đưa đến những đơn thể (entities) và khái niệm không có chỗ đứng giữa những định luật ban đầu. Ví dụ, không có những khái niệm như "*collide* – va chạm" hay "*move* – di chuyển" trong những định luật ban đầu. Những định luật đó chỉ mô tả sự sống và chết của những ô cá nhân đứng yên. Cũng như trong vũ trụ của chúng ta, trong *Game of Life,* thực tại tùy thuộc vào mô hình mà bạn xử dụng.

Chương VIII: Thiết Kế Vĩ Đại

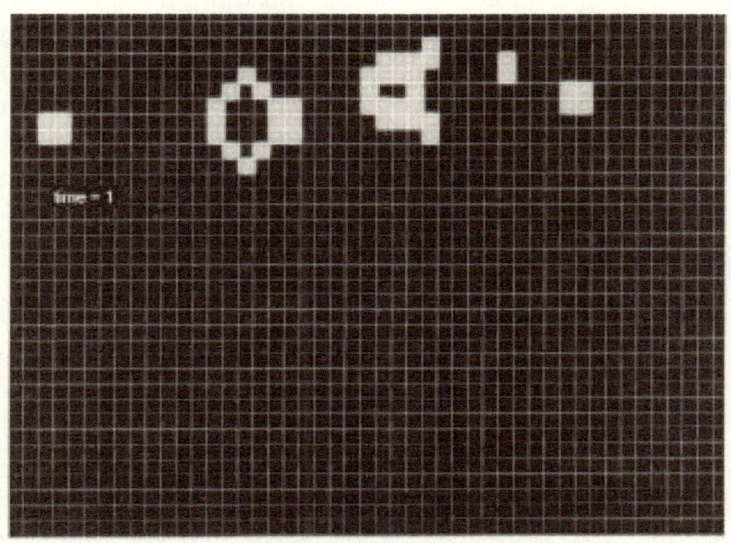

Initial Configuration of the Glider Gun. The glider gun is roughly ten times as large as a glider.

Conway và các sinh viên của ông tạo ra thế giới nầy là vì họ muốn biết một vũ trụ với những định luật căn bản đơn giản như vũ trụ họ xác định có thể chứa đựng những vật thể đủ phức tạp để sinh sản hay không.

Trong *Game of Life,* liệu có những vật thể tổng hợp, sau khi chỉ tuân theo những định luật của thế giới đó một vài thế hệ, sẽ sinh ra những vật thể tổng hợp cùng loại? Conway và những sinh viên của ông không những có thể chứng minh rằng điều đó có thể, mà họ còn cho thấy rằng một vật thể như thế là vật thể thông minh, theo một nghĩa nào đó! Họ muốn nói gì ở đó? Chính xác hơn, họ cho thấy rằng những tập hợp khổng lồ của những ô tự sinh sản là những *"máy Turing Tổng Năng – universal Turing machine"*(**).

Chương VIII: Thiết Kế Vĩ Đại

Vì mục đích của chúng ta, điều đó có nghĩa là đối với bất kỳ một tính toán nào mà một máy vi tính trong thế giới vật lý của chúng ta trên nguyên tắc có thể thực hiện, nếu một máy được cung ứng nguồn vào thích hợp – nghĩa là, được cung ứng môi trường thế giới *Game of Life* thích hợp – thì một vài thế hệ sau, máy sẽ ở trong một trạng thái từ đó một nguồn vào có thể được đọc, tương ứng với kết quả của tính toán của máy vi tính.

*(**) **Turing machine** là một thiết bị lý thuyết dùng để xử lý những ký hiệu trong một dải băng (strip of tape) dựa theo một bản quy tắc. Mặc dù đơn sơ, một máy Turing có thể được điều chỉnh để mô phỏng luận lý của bất kỳ máy vi tính nào, và đặc biệt hữu dụng trong việc giải thích những chức năng của một bộ xử lý trung ương nào (CPU Central Processing Unit) bên trong máy vi tính. Máy Turing được Alan Turing mô tả năm 1937, bấy giờ được gọi là một máy tự động ("automatic machine"). Máy Turing không dự tính dùng như một kỹ thuật vi tính thực dụng, nhưng đúng hơn như một thí nghiệm lý thuyết (thought experiment) tượng trưng cho một máy vi tính. Những máy nầy giúp các khoa học gia hiểu được những giới hạn của vi tính bằng máy (mechanical computation). Turing đưa ra một định nghĩa ngắn gọn liên quan đến thí nghiệm năm 1937: "Intelligent Machinery – Máy Tính Khôn". Turing trình bày rằng máy Turing – được gọi là Máy Vi Tính Luận Lý (Logical Computing Machine),*

Chương VIII: Thiết Kế Vĩ Đại

gồm có: một bộ nhớ với khả năng vô hạn có dưới dạng một dải băng vô hạn được phân chia thành những ô (squares), trên mỗi ô có thể in được một ký hiệu. Tại bất kỳ thời điểm nào cũng có một ký hiệu trong máy; ký hiệu đó được gọi là ký hiệu kiểm định (scanned symbol). Máy có thể biến đổi ký hiệu kiểm định; và hành xử của nó phần nào được xác định bởi ký hiệu đó, nhưng những ký hiệu ở nơi nào khác trên băng không ảnh hưởng hành xử của máy. Tuy nhiên, băng có thể được di chuyển tới lui qua máy, điều nầy là một trong những hoạt động căn bản của máy. Do đó, bất kỳ ký hiệu nào trên băng chung quy đều có thể có một cơ hội tham gia (inning). Máy Turing nào có khả năng mô phỏng bất kỳ máy Turing nào khác được gọi là Máy Turing Tổng Năng (Universal Turing Machine - UTM). - Phụ chú của người chuyển ngữ.

Muốn thấy tiến trình đó như thế nào, bạn thử xem những gì xảy ra những *gliders* được bắn tại một khối 2x2 đơn giản gồm những ô sống. Nếu những *gliders* đến gần đúng quy cách, khối nầy, vì là đứng yên, sẽ di chuyển đế gần hay di chuyển ra xa khỏi nguồn của những *gliders*. Theo cách nầy, khối có thể mô phỏng một bộ nhớ máy vi tính. Thực vậy, tất cả những chức năng căn bản (basic functions) của một máy vi tính hiện đại, như những cổng mạch điện tử *AND* và *OR*, cũng có thể được tạo ra từ các *gliders*. Như thế, tương tự như những tín hiệu điện được xử dụng trong một máy vi tính thường, những luồng *gliders* cũng có thể được xử dụng để gởi thông tin đi và xử lý thông tin.

Trong *Game of Life*, cũng như trong thế giới của chúng ta, những biểu mẫu tự sinh sản (self-reproducing patterns) là những vật thể phức tạp. Một ước tính, dựa trên công trình trước kia của nhà toán học John von Neumann, đưa kích

Chương VIII: Thiết Kế Vĩ Đại

thước tối thiểu của một biểu mẫu tự sinh sản vào *Game of Life* tại mười ngàn tỉ ô – đại để bằng số lượng phân tử trong một tế bào con người.

Người ta có thể định nghĩa những sinh vật như những hệ thống phức tạp với kích thước giới hạn, những hệ thống nầy ổn định và tự sinh sản. Những vật thể được mô tả bên trên thỏa mãn được điều kiện sinh sản nhưng có lẽ không ổn định: Một nhiễu động nhỏ từ bên ngoài sẽ có thể làm sụp đổ then máy tế nhị. Tuy nhiên, dễ tưởng tượng rằng những định luật phức tạp hơn một ít sẽ cho phép những hệ thống phức tạp với tất cả những thuộc tính của sự sống. Bạn thử tưởng tượng một đơn thể loại đó, một vật thể trong một thế giới theo dạng thế giới Conway. Một vật thể như thế sẽ đáp ứng với những kích thích môi trường, và do đó có vẻ cho ra những quyết định. Sự sống như thế có ý thức được chính nó không (aware of itself)? Nó có ý thức về chính nó không (self-conscious)? Đây là một câu hỏi được trả lời nhiều cách khác nhau. Một số người cho rằng tự ý thức là cái gì duy nhất của con người. Nó ban cho con người tự do (free will), khả năng lựa chọn giữa những phương thức hành động khác nhau.

Làm thế nào người ta biết một sinh vật có tự do? Nếu người ta gặp phải một người hành tinh, làm thế nào người ta có thể biết nó chỉ là một người máy hay nó có một tinh thần của chính nó? Hành xử của một người máy sẽ được hoàn toàn xác định, không giống hành xử của một sinh vật có tự do. Như thế trên nguyên tắc người ta có thể phát hiện một người máy như một sinh vật mà hành động có thể tiên đoán được. Như chúng ta đã nói trong chương hai, điều nầy có thể vô cùng khó khăn gần như không thể có được nếu đó là một sinh vật lớn và phức tạp. Ngay cả chúng ta không thể giải đúng những phương trình liên quan đến ba đơn tử trở lên đối tác với nhau. Vì một người hành tinh có kích thước bằng một người sẽ chứa khoảng ngàn tỉ tỉ tỉ đơn tử - cho dù người hành tinh đó chỉ là một người máy – nên không thể nào giải

Chương VIII: Thiết Kế Vĩ Đại

được những phương trình và tiên đoán nó sẽ làm gì. Do đó chúng ta sẽ phải nói rằng bất kỳ một sinh vật phức tạp nào cũng có tự do – không phải như một đặc trưng căn bản (fundamental feature), nhưng như một lý thuyết hữu hiệu, một thú nhận của sự bất lực của chúng ta không thể thực hiện được những tính toán có thể giúp chúng ta tiên đoán được những hành động của nó.

Ví dụ trong *Game of Life* của Conway cho thấy rằng ngay cả một hệ định luật rất đơn giản có thể tạo ra những đặc trưng phức tạp tương tự như những đặc trưng của sự sống thông minh. Phải có nhiều hệ định luật về thuộc tính nầy. Cái gì tuyển lựa ra những định luật căn bản (ngược với những định luật hiển thị) đang chi phối vũ trụ của chúng ta? Như trong vũ trụ của Conway, những định luật của vũ trụ của chúng ta xác định tiến hóa của hệ thống, dựa trên trạng thái tại bất kỳ thời điểm nào. Trong thế giới Conway, chúng ta là những đấng tạo hóa – chúng ta lựa chọn trạng thái ban đầu của vũ trụ bằng cách xác định những vật thể và những vị trí của chúng lúc trò chơi bắt đầu.

Trong vũ trụ vật lý, những đối tác của vật thể như *gliders* trong *Game of Life* là những vật thể đơn độc. Bất kỳ một hệ định luật nào nhằm mô tả một thế giới liên tục như thế giới của chính chúng ta sẽ có một khái niệm về năng lượng, tức là một định lượng được bảo tồn, nghĩa là nó không thay đổi theo thời gian. Năng lượng của không gian trống sẽ là một hằng số, độc lập với cả thời gian lẫn vị trí. Người ta có thể trừ đi năng lượng chân không cố định nầy bằng cách đo lường năng lượng của bất kỳ thể tích không gian nào liên quan với năng lượng của cùng thể tích của không gian trống, như thế chúng ta cũng có thể gọi hằng số là *zero*. Một yêu cầu mà bất kỳ định luật thiên nhiên nào cũng phải thỏa mãn là: năng lượng của một vật thể đơn độc nằm giữa không gian trống phải là dương, nghĩa là người ta phải thi công để lắp ráp (assemble) vật thể. Đó là vì, nếu năng lượng của một vật

Chương VIII: Thiết Kế Vĩ Đại

thể đơn độc là âm, nó có thể được tạo ra trong một trạng thái chuyển động sao cho năng lượng âm của nó được cân bằng chính xác bởi năng lượng dương nhờ vào sự chuyển động của nó. Nếu điều đó là đúng, sẽ không có lý do gì những vật thể không thể xuất hiện bất kỳ nơi nào và ở mọi nơi. Không gian trống do đó sẽ không ổn định. Nhưng nếu phải mất năng lượng để tạo ra một vật thể đơn độc, sự bất ổn định như thế không thể xảy ra, vì, như chúng tôi đã nói, năng lượng của vũ trụ phải giữ cố định. Đó là những gì cần có để làm cho vũ trụ ổn định ở địa phương – để làm thế nào cho sự vật không xuất hiện mọi nơi từ không khứ (nothing).

Nếu tổng số năng lượng của vũ trụ phải luôn luôn bằng *zero*, và phải tốn năng lượng để tạo ra một vật thể, thì làm thế nào một vũ trụ tổng thể có thể được tạo ra từ không khứ? Đó là lý do tại sao phải có một định luật như trọng lực. Vì trọng lực là hấp lực, năng lượng trọng lực (gravitational energy) là âm: Người ta phải thi công để tách rời một hệ thống có trọng lực tác động (gravitationally bound system), như trái đất và mặt trăng.

Năng lượng âm nầy có thể cân bằng năng lượng dương cần có để tạo ra vật thể, nhưng không đơn giản như thế. Năng lượng trọng lực âm của trái đất, chẳng hạn, thì nhỏ hơn một phần tỉ của năng lượng dương của những đơn tử vật chất tạo ra trái đất. Một thiên thể như một tinh tú sẽ có nhiều năng lượng trọng lực âm hơn, và nó càng nhỏ hơn bao nhiêu (những phần khác nhau càng gần lại với nhau bao nhiêu) thì năng lượng trọng lực âm nầy càng lớn bấy nhiêu. Nhưng trước khi nó có thể trở nên lớn hơn năng lượng dương của vật chất, tinh tú sẽ sụp đổ thành một hố đen, và những hố đen có năng lượng dương.

Đó là tại sao không gian trống ổn định. Những thiên thể như tinh tú hay hố đen không thể chỉ xuất hiện từ không khứ. Nhưng một vũ trụ tổng thể thì có thể.

Chương VIII: Thiết Kế Vĩ Đại

Vì trọng lực định hình không gian và thời gian, nó cho phép không-thời-gian ổn định ở địa phương nhưng không ổn định toàn vũ trụ. Trên quy mô của toàn thể vũ trụ, năng lượng dương của vật thể có thể được cân bằng bởi năng lượng trọng lực âm, và do đó không có giới hạn trên sáng tạo những vũ trụ tổng thể. Vì có một định luật như trọng lực, vũ trụ có thể và sẽ tạo ra chính nó từ khống khứ theo cách được mô tả trong chương 6. Sáng tạo tự phát là lý do tại sao có một cái gì thay vì không có gì cả, tại sao vũ trụ hiện hữu, tại sao chúng ta hiện hữu. Không cần nhờ vào Thượng Đế để khai ngòi và cho vũ trụ vận hành.

Tại sao những định luật căn bản lại như chúng ta đã mô tả chúng? Lý thuyết tối hậu phải nhất quán và phải tiên đoán được những kết quả hữu hạn đối với những định lượng mà chúng ta có thể đo lường được. Chúng ta đã thấy rằng phải có một định luật như trọng lực, và chúng ta đã thấy trong chương 5 rằng muốn một lý thuyết về trọng lực tiên đoán những định lượng hữu hạn, lý thuyết đó phải có những gì được gọi là siêu đối xứng (supersymmetry) giữa những lực thiên nhiên và vật chất mà nó tác động. Thuyết *M-theory* là lý thuyết trọng lực siêu đối xứng tổng quát nhất. Vì những lý do nầy, thuyết *M-theory* là ứng viên duy nhất cho một lý thuyết hoàn chỉnh về vũ trụ. Nếu nó là hữu hạn – và điều nầy chưa được chứng minh – thì nó sẽ là một mô hình của một vũ trụ tự tạo ra chính nó. Chúng ta phải là một phần của vũ trụ nầy, vì không có mô hình nhất quán nào khác.

Thuyết *M-theory* là lý thuyết thống nhất mà Einstein đã từng hy vọng tìm ra. Sự kiện chúng ta, những con người – chúng ta chỉ là những tập hợp của những đơn tử căn bản của thiên nhiên – đã có thể đến gần với kiến thức về những định luật chi phối chúng ta và vũ trụ của chúng ta, sự kiện đó là một chiến thắng lớn. Nhưng có thể phép lạ thực sự là những xem xét trừu tượng của luận lý đưa đến một lý thuyết duy nhất tiên đoán và mô tả một vũ trụ bao la đầy rẫy những thay đổi

Chương VIII: Thiết Kế Vĩ Đại

ly kỳ mà chúng ta thấy. Nếu lý thuyết phù hợp với quan sát, thì nó sẽ là kết luận của một tìm kiếm đi ngược lại hơn 3,000 năm. Lúc đó chúng ta sẽ tìm được thiết kế vĩ đại rồi.

Glossary – Định Nghĩa Kỹ Thuật

Alternative histories (lịch sử tương ứng)	Một công thức của thuyết lượng tử theo đó xác suất của bất kỳ quan sát nào cũng được xây dựng từ tất cả những lịch sử khả thể có thể đã đưa đến quan sát đó.
Anthropic Principle (Nguyên lý nhân chủng)	Tư tưởng cho rằng chúng ta có thể rút ra những kết luận về những định luật hiển thị của vật lý dựa trên sự kiện chúng ta hiện hữu.
Anti-matter (Phản vật thể)	Mỗi đơn tử của vật thể có một phản đơn tử tương ứng. Nếu gặp nhau, chúng triệt tiêu lẫn nhau, để lại năng lượng thuần túy.
Apparent laws (Định luật hiển thị)	Những định luật thiên nhiên mà chúng ta quan sát trong vũ trụ của chúng ta – những định luật của bốn lực, và những thông số như trọng khối và tải điện như đặc tính của những đơn tử - ngược với những định luật căn bản hơn của thuyết *M-theory* chó phép có những vũ trụ khác với những định luật khác.
Asymptotic freedom (Tự do trong cự ly nhỏ)	Một thuộc tính của lực mạnh khiến nó trở nên yếu hơn ở những khoảng cách ngắn. Do đó, mặc dù những *quarks* bị buộc vào nhân bằng lực mạnh, chúng có thể di chuyển trong nhân y hệt như chúng không cảm thấy lực nào cả.
Atom (Nguyên tử)	Đơn vị căn bản của vật thể thông thường, gồm một nhân với những *protons* và *neutrons*, với những *electrons* quay chung quanh.

Glossary – Định Nghĩa Kỹ Thuật

Baryon	Một loại đơn tử căn bản, như *proton* hay *neutron*, được cấu tạo bằng ba *quarks*.
Big Bang (Đại bùng nổ)	Khởi thủy nóng, dày đặc của vũ trụ. Thuyết *big bang* cho rằng khoảng 13.7 tỉ năm trước đây, một phần của vũ trụ mà chúng ta có thể thấy ngày nay chỉ có vài *millimét* đường kính. Ngày nay vũ trụ lớn và lạnh hơn vô cùng, nhưng chúng ta có thể quan sát những tàn dư của thời kỳ sơ khai đó trong bức xạ bối cảnh vi ba vũ trụ hiện diện khắp không gian.
Black hole (Hố đen)	Một vùng không-thời-gian bị cắt khỏi phần còn lại của vũ trụ do trọng lực vô cùng mạnh của chính nó.
Boson	Một đơn tử căn bản có mang theo lực.
Bottom-up approach (Phương án đi từ dưới lên)	Trong vũ trụ học, ý tưởng cho rằng có một lịch sử vũ trụ duy nhất, với một khởi điểm được xác định rõ ràng, và trạng thái vũ trụ ngày nay là một tiến hóa từ khởi điểm đó.
Classical physics (Vật lý cổ điển)	Bất kỳ lý thuyết vật lý nào trong đó vũ trụ được xem là có một lịch sử duy nhất, được xác định rõ ràng.
Cosmological constant (Hằng số vũ trụ)	Một thông số trong những phương trình của Einstein cho không-thời-gian một khuynh hướng bành trướng cố hữu.
Electron	Một đơn tử căn bản của vật chất có một tích điện âm và giúp xác định những thuộc tính của những yếu tố căn bản.
Fermion	Một đơn tử vật chất thuộc dạng vật chất.

Glossary – Định Nghĩa Kỹ Thuật

Galaxy (Thiên hà)	Một hệ thống gồm những tinh tú lớn, vật thể liên tinh tú, và vật thể đen được buộc chặt vào nhau bởi trọng lực.
Gravity (Trọng lực)	Lực yếu nhất trong bốn lực thiên nhiên. Đó là phương cách mà những vật thể chịu sức hút trọng lực của nhau.
Heisenberg uncertainty principle (Nguyên lý bất xác của Heisenberg)	Một định luật của thuyết lượng tử cho rằng một số cặp thuộc tính vật lý không thể được biết đồng thời một cách chính xác.
Meson	Một loại đơn tử căn bản được cấu tạo bởi một *quark* và một anti-*quark*.
M-theory	Một lý thuyết căn bản về vật lý được xem là ứng viên cho lý thuyết về vạn vật.
Mutiverse (Đa vũ trụ)	Một hệ nhiều vũ trụ.
Neutrino	Một đơn tử căn bản nhẹ chỉ bị tác động bởi lực yếu và trọng lực.
Neutron (Trung hòa tử)	Một loại *baryon* trung hòa tạo nên nhân của một nguyên tử cùng với *proton*.
No-boundary condition (Điều kiện không biên giới)	Điều kiện đòi hỏi những lịch sử của vũ trụ phải là những mặt phẳng đóng kín không biên giới.
Phase (pha)	Một vị trí trong chu kỳ của một sóng.
Photon (Quang tử)	Một *boson* mang lực điện từ. Một đơn tử lượng tử của ánh sáng.
Probability amplitude (Biên độ xác suất)	Trong một thuyết lượng tử, một số phức mà bình phương trị số tuyệt đối của nó tượng trưng cho xác suất.

Glossary – Định Nghĩa Kỹ Thuật

Proton	Một loại *baryon* mang tích điện dương tạo ra nhân nguyên tử cùng với *neutron*.
Quantum theory (Thuyết lượng tử)	Một lý thuyết trong đó những vật thể không có những lịch sử xác định duy nhất.
Quark (vi lượng)	Một đơn tử căn bản có một phần tích điện cảm ứng với lực mạnh. Mỗi *protons* và *neutrons* bao gồm ba *quarks*.
Renormaization (Tái chuẩn hóa)	Một kỹ thuật toán học nhằm thuyết giải những trị vô cực trong các lý thuyết lượng tử.
Singularity (Đơn trạng)	Một điểm không-thời-gian tại đó một định lượng vật lý trở nên vô cực.
Space-time (Không-thời-gian)	Một không gian toán học mà những điểm phải được xác định bởi những tọa độ của cả không gian và thời gian.
String theory (Thuyết dây)	Một lý thuyết vật lý trong đó những đơn tử được mô tả như là những đơn tử của dao động có chiều dài nhưng không có chiều cao hay chiều ngang – giống như những mảnh dây cực mỏng.
Strong nuclear force (Lực mạnh nguyên tử)	Lực mạnh nhất trong bốn lực thiên nhiên. Lực nầy giữ những *proton* và *neutrons* bên trong những nhân nguyên tử. Nó cũng giữ những *protons* và *neutrons* lại với nhau, điệu kiện cần có vì chúng được cấu tạo bởi những đơn tử, những *quarks* nhỏ bé hơn nữa.
Supergravity (Siêu trọng lực)	Một lý thuyết trọng lực có một dạng đối xứng được gọi là siêu đối xứng.

Glossary – Định Nghĩa Kỹ Thuật

Supersymmetry (Siêu đối xứng)	Một loại đối xứng tinh tế không thể liên kết với một biến dạng của không gian thông thường. Một trong những hàm ngụ quan trọng của thuyết siêu đối xứng là những đơn tử lực và những đơn tử vật chất, và do đó lực và vật chất thực sự chỉ là hai mặt của cùng một vật.
Top-down approach (Phương án đi từ trên xuống)	Phương pháp vũ trụ học trong đó người ta theo dõi lịch sử của vũ trụ từ trên xuống, nghĩa là, đi ngược lại từ hiện tại.
Weak nuclear force (Lực yếu nguyên tử)	Một trong bốn lực thiên nhiên. Lực yếu tạo ra phóng xạ và đóng một vai trò chủ yếu trong sự hình thành những yếu tố trong các tinh tú và vũ trụ sơ khai.

Index

Alan Turing 182
Albert Michelson 103
Alexander Friedmann.... 135
Alexander Pope 36
Almagest 48
Alpha Century 82
Anaximander 7, 28, 31
animistic 34
Aquynas 32, 170
Archimede 28
Aristarchus 29, 48, 49
Aristote 7, 26, 30, 32, 39, 44, 48, 61, 102, 144, 170
Arthur Eddington 133
Babylon 24
bành trướng.... 64, 133, 134, 135, 136, 137, 138, 139, 144, 146, 147, 148, 151, 168, 169, 190
bất tri 83
Bell Labs 76, 137
beryllium 164, 165
biên độ xác suất 86, 149, 151, 153
biến trạng 124
biểu mẫu . 24, 28, 74, 75, 79, 82, 83, 90, 91, 93, 125, 145, 155, 157, 175, 179, 180, 183
Big Bang 60
bức xạ điện từ 100

Buckminster Fuller 71
California Institute of
    Technology 16
Căn bệnh vô cực 123
Carbon dioxide 163
cấu tố *quantum* 76
Cavendish 57
cây tiến hóa 41
chân lý tuyệt đối 17
Châu Phi 25
Christoph Schönborn 170
chu luân khép kín .. 123, 124
chuẩn tinh 93
clepsydra 29
Clinton Davisson 76
CMBR ... 136, 137, 139, 148
cơ học lượng tử 93
COBE 139
Copernic 48, 49, 50, 171
Crater Lake 24
Cựu Ước Kinh 170
đa vũ trụ ... 12, 146, 170, 171
đặc thuyết tương đối 106, 108, 111
đấng sáng tạo 20
đấng siêu việt 20, 40
đấng tạo hóa 11, 15, 154, 172, 185
dao động lượng tử 12
Darwin 170, 172
David Hume 54

đáy sóng 65
Democrite 7, 29
determinism 40
Điện Động Học 104
điện từ trường 99, 113
điều biến 100
điều kiện không biên giới
.. 144, 146, 149, 152, 171
định đề toán học 28, 36
Định luật định tính 7, 44
định luật đòn bẩy 28
định luật phản xạ 28
Định luật sức đẩy 28
định luật thiên nhiên vô tư
.... 34
định luật trọng lực 36
đỉnh sóng 65
độ dài sóng 65, 99
đơn trạng 137
đơn tử ... 7, 9, 29, 53, 56, 58,
62, 64, 65, 67, 68, 76, 78,
80, 82, 84, 85, 86, 88, 89,
90, 91, 92, 93, 112, 113,
114, 115, 118, 119, 120,
121, 122, 123, 124, 125,
128, 145, 152, 154, 165,
173, 184, 186, 187, 189,
190, 191, 192, 193
đơn tử điểm 128
đơn tử tải lực 113, 124
đơn tử vật chất.. 76, 78, 113,
120, 124, 145, 186, 190,
193
động lực học 104
dữ kiện hai chiều 55
dung môi 101
đường trắc địa 110
Edwin Hubble 8, 63, 132
Edwward Morley 103

Einstein 8, 12, 44, 61, 67,
81, 83, 95, 104, 106, 108,
109, 110, 111, 135, 137,
138, 140, 143, 168, 172,
173, 175, 187, 190
electrons 56, 76, 78, 80, 114,
115, 152, 168, 189
Empedocles 29
Epicure 30
Ernst Straus 172
Euclid 28, 109, 110
Fred Hoyle 8, 136, 163
Fritz Zwicky 64
Galileo 31, 34, 39, 44, 49,
61, 95
Game of Life 177, 180, 181,
183, 185
George Berley 54
George Francis Fitzgerald
.... 104
Georges Lemaître 136
giai đoạn trương nở 138
giới vĩ mô 16
hằng số 80, 88, 128, 150,
152, 167, 168, 169, 173,
185
hằng số vũ trụ 168, 169
Hati 23
hệ quả quang điện 67
hệ thống biểu đề 28
helium ... 137, 162, 163, 164,
165, 167
Hendrik Antoon Lorentz 104
Heraclite 31
hiện hữu độc lập . 17, 44, 53,
150
hiệu chỉnh cực độ 171
Hindus 32
hố đen 101, 111, 168, 186

Homo Sapiens 7, 25
hồng ngoại 58, 99
Hướng Trình Tổng Sóng .. 8, 71
huyền thoại .. 23, 26, 30, 131
Hy Lạp 7, 25, 26, 29, 30, 31, 32, 34, 39, 48, 132
hydrogen 117, 137, 162, 163, 164, 167
Ionia .. 26, 27, 28, 29, 30, 31
isotopes 163
James Clerk Maxwell 99
Johannes Kepler 32
John Conway 177
John W. Carroll 37
John Wheeler 92
khắc kỷ 31
khoa học giả tưởng ... 21, 85, 98, 150
khống khứ . 12, 20, 186, 187
không-thời-gian 53, 108, 109, 110, 123, 125, 128, 141, 143, 144, 150, 168, 187, 190, 192
kiến thức duy nghiệm 53
Klamath 24
ký hiệu kiểm định 183
Kỹ thuật phóng ảnh 18
Ky Tô Giáo 170
Laplace 7, 40
Large Hadron Collider .. 125
law of inertia 29
Leonard Mlodinow 3, 12
Lester Germer 76
lịch sử duy nhất .. 12, 17, 69, 92, 145, 149, 150, 190
lịch sử tương ứng 69, 89, 189
liên hệ định lượng 34

lithium ... 137, 162, 163, 164
lithium hydride 164
Llao 24
luận chứng nguyên nhân tiên khởi 176
luật quán tính 29
lực trường 97
luminiferous ether 102
lý thuyết lượng tử ... 12, 113, 114, 117, 192
lý thuyết quantum 12, 16, 18, 82, 83, 111, 138, 140
mật mã 25
Máy Turing Tổng Năng . 183
Máy Vi Tính Luận Lý 182
Mayan 131, 170
Mazama 24
Mercator 18
mô hình ... 12, 17, 18, 43, 48, 49, 50, 52, 54, 55, 56, 57, 58, 60, 62, 64, 68, 75, 76, 84, 86, 95, 96, 104, 108, 111, 113, 120, 121, 123, 135, 139, 152, 166, 171, 173, 176, 180, 187
mô hình tiêu chuẩn . 62, 121, 152, 173
model-dependent 12, 17, 52, 54
model-dependent realism 17, 52, 54
M-theory ... 8, 12, 18, 19, 68, 69, 127, 128, 129, 150, 152, 173, 187, 189, 191
multiverse 12, 146
Napoleon 40
NASA 139
neutron 56, 118, 190, 192
Newton 8, 18, 35, 36, 37, 38,

39, 64, 65, 75, 76, 78, 82, 83, 84, 86, 89, 91, 95, 96, 97, 106, 108, 109, 110, 111, 129, 156, 159, 167, 172, 175
nghịch lý 17
nguyên lý bất xác 79, 80, 121
nguyên lý nhân chủng mạnh 166, 172
nguyên lý nhân chủng yếu 160
nguyên lý phóng ảnh ba chiều 53
nguyên lý tầm thường.... 161
nguyên lý tuyển trạch.... 160
nguyên tắc mâu thuẫn 83
nguyên tử 17, 29, 30, 31, 37, 43, 54, 57, 59, 67, 71, 75, 76, 78, 80, 107, 111, 112, 113, 117, 119, 134, 137, 163, 164, 165, 166, 167, 168, 173, 176, 191, 192, 193
nguyệt thực.......... 23, 24, 30
nhân quả 12, 25, 150
nhật thực............. 23, 24, 26
nhiễu triệt 65, 74
nhiễu xạ 65, 75
nhiễu xây 65, 74
p-branes 128
phản trọng lực 168
phân tử 7, 42, 43, 71, 72, 73, 74, 76, 84, 92, 112, 176, 184
phỏng nhân hình............ 171
phương tốc ... 38, 53, 63, 80, 83, 121
Planck 80, 88, 140

Platon.......... 7, 18, 39, 44, 52
proton 56, 118, 125, 163, 167, 190, 191, 192
Ptolemy 48, 50, 61, 64
Pythagore............. 7, 27, 28
quang phổ ... 63, 64, 92, 132, 173
quang tử 78, 113
quantitative relationships. 34
quantum 9, 12, 16, 52, 67, 69, 74, 75, 76, 77, 79, 81, 82, 83, 84, 86, 88, 89, 90, 92, 93, 112, 113, 114, 118, 120, 121, 123, 129, 138, 140, 143, 144, 145, 146, 149, 151, 165, 169
quantum superposition 69
quantum theory................ 12
quarks . 56, 57, 58, 113, 118, 119, 129, 167, 189, 190, 192
quỹ đạo ... 36, 39, 42, 48, 49, 61, 123, 156, 157, 161, 167
quy luật vật lý 20
quy mô vi mô 140
René Descartes 7, 35
resonance 166
Richard Feynman 16, 74, 83, 113
Robert Dicke 160
Sahara............................. 25
Samuel Johnson.............. 54
Sáng Thế Ký 8, 59, 60
Sao Hỏa 36
siêu đối xứng 124, 125, 187, 192, 193
siêu vị lượng tử................ 69
silicon 163

silicon dioxide 164
sinh học phân tử 42
sinh vật đa bào 41
Skell 25
Skoll 23
sóng trọng lực 111
sóng vi ba 99, 136, 148, 153
sóng vô tuyến 99
St. Augustine 59
standard model 62, 121, 152
Stephen Hawking 3, 5, 11
Stoics 31
tái chuẩn hóa 116, 117, 118, 123
tần số 27, 82
tất định thuyết 40, 44, 81, 175
Tempier 34
Thales 25, 26, 28
thám sát đơn tử 123
thần học 11, 26, 38, 170
thần mặt trời 25, 170
thần tình yêu 25
thang hiện hữu nguyên tử 16
Tháp Leaning Tower 61
The Matrix 51
thế song lập . 68, 69, 78, 126
theoretical physics 28
thiên hà ... 54, 60, 63, 64, 93, 132, 133, 134, 135, 146, 148, 153, 162, 169
Thiên Hoàng 25
thiên thể 24, 48, 61, 93, 101, 111, 160, 167, 175, 186
thiết kế 11, 22, 36, 72, 92, 120, 129, 145, 154, 159, 166, 169, 170, 171, 172, 188
thiết kế cố hữu 170

thiết kế thông minh 171
thiết kế vĩ đại ... 11, 171, 188
thiết yếu tính 44
Thổ Nhĩ Kỳ 26
thời gian tuyệt đối 108
Thomas Young 78
Thompson 57
thứ nguyên tử . 7, 16, 56, 58, 75
thực tại theo mô hình 17, 54, 55, 56, 59, 68, 127, 176
thuộc tính 18, 39, 52, 53, 55, 57, 58, 59, 68, 77, 79, 89, 118, 119, 124, 125, 128, 151, 156, 163, 184, 185, 189, 190, 191
Thượng Đế 9, 32, 34, 35, 36, 39, 40, 44, 59, 96, 143, 144, 145, 149, 159, 169, 170, 171, 172, 176, 187
thuyết chuyển động 33
thuyết dây 125, 126, 128
thuyết hữu hiệu .. 43, 75, 185
thuyết mô hình độc lập 12
Thuyết Phản Thực Tại . 7, 53
thuyết siêu trọng lực 124, 125, 126
thuyết sóng 65, 67
Thuyết Tịnh Thế 8, 64
tia X 99
tịnh thế tuyệt đối 108
tổng thuyết tương đối ... 109, 111, 123, 137, 138, 139, 141, 143, 144, 168, 175
trật tự nội tại 28
trọng khối 35, 52, 80, 95, 108, 109, 110, 116, 117, 118, 128, 150, 158, 159, 161, 167, 173, 189

trực cảm 17
Turing............ 181, 182, 183
tùy tiện 24, 35, 83, 175
Ussher 132
vận tốc ánh sáng 38, 99, 101, 103, 104, 106, 108, 139
vạn vật hữu linh 34
vật lý cổ điển............. 16, 75
vật lý lượng tử................. 16
vật lý lý thuyết................. 28
vi thể 64
Viking 23
vòng ngoại luân......... 48, 61
vũ trụ học 12, 149, 150, 151, 168, 170, 171, 190, 193
vũ trụ sơ khai... 17, 112, 113, 137, 143, 147, 148, 153, 162, 193
vũ trụ tất định 177
Wallace.......................... 172
Werner Heisenberg........... 79
William Thomson.......... 104
WMAP 139
xác suất..... 9, 81, 83, 86, 88, 89, 90, 115, 145, 147, 149, 151, 152, 153, 189, 191
xung lượng 80, 115
ý chí tự do 30, 40, 41, 42, 43
yếu tố ban sơ 162, 164

Thông tin liên lạc:
Đỉnh Sóng
P.O BOX 8231 Fountain Valley CA 92728

- Website: **dinhsong.net**
- Email: dinh-song@att.net
- Phone: (714) 473-3691

www.ingramcontent.com/pod-product-compliance
Lightning Source LLC
Chambersburg PA
CBHW020650220526
45464CB00001B/374